ニュートン ミリタリーシリーズ

THE HISTORY OF AVIATION
From the First Flight to the Present Day

航空全史 ㊦
ジェット機〜現代の最新鋭戦闘機

ロバート・ジャクソン＝著
青木謙知＝監修・訳

NEWTON PRESS

This translation of History of Aviation first published in 2020 is published
by arrangement with Amber Books Ltd. through Tuttle-Mori Agency, Inc., Tokyo

THE HISTORY OF AVIATION
From the First Flight to the Present Day

航空全史 ㊦

ジェット機
～現代の最新鋭戦闘機

contents

航空全史㊤

18世紀の気球
～第二次世界大戦の戦闘機

contents

Picture Credits

All photographs and illustrations are supplied courtesy of Art-Tech/Aerospace except for the following:

Airbus: 222～223
Art-Tech/MARS: 35, 48, 61, 64～65, 70, 76～77, 78, 86～87, 98～99, 105, 122～123, 130, 142～143, 148, 156～157, 174, 175, 184, 218
Cody Images: 32, 34
Dassault: 231
Dryden Flight Research Center: 79, 92～93, 192, 193, 194～195, 196～197, 198～202
Eurofighter: 230
Lockheed Martin: 234～235
NASA: 203, 211
U.S. Department of Defense: 40, 74～75, 88, 89, 108～109, 110, 112, 113, 114, 116, 118, 119, 133～140, 143, 155, 158, 159, 161, 162～163, 164～167, 168～173, 177, 178, 180～181, 182～183, 184～185, 186～187, 190～191, 210, 216～217, 224, 225, 226～227, 228～229, 233

機体イラストとデータについて：機種のデータは,その機種の代表的なタイプのものです。イラストの機種名とは異なる場合があります。

第８章
草創期のジェット機

第二次世界大戦を通じ，航空にとって多くの節目が成し遂げられたが，その中でも将来に向けて飛行の開発に最も大きなインパクトを与えたのは，世界初の実用ジェット機の誕生だった。
その開発物語は1903年にライト兄弟が初めて飛行して以来，最大の飛躍だった。発端は1926年にイギリス空軍の若き士官候補生フランク・ホイットルが，クランウェルの空軍大学に入校したことに始まる。

クランウェルの教育課程では，学生が卒業論文を書かなければならなかった。ホイットルは「航空機設計の将来的発展」をテーマに選び，その論文はクランウェルでの4学期目と最後の学期を終えた1928年にイギリス空軍大学から出版された。彼はその中で，タービンが航空機の推進装置として潜在的な牽引力になるとして，彼の主張を裏付けるための計算結果を示した。彼の考えの源は，内燃タービン（ICT）がプロペラを回転させるというものだったが，1年後にはプロペラはなくなり，ジェット推進力だけを使うのが，航空機を動かすのに簡素で効率的な手法になるとした。

ホイットルは彼の設計について，友人でありウィッタリングで飛行教官をしていたパット・“ジョニー”・

◀メッサーシュミットMe262は，就役時点で世界最高速の戦闘機であり，もしもっと多くの機数があれば，アメリカの爆撃機編隊に大きな損害を与えられていたであろう。

▶フランク・ホイットル准将はジェット・エンジンの特許を取得し，その開発のためにパワージェット社を設立したが，政府は常に無関心だった。

ハインケルHe178は，世界最初のジェット動力試作機である。肩翼単葉機で，パイロットのコクピットは主翼前縁よりもかなり前方にあった。

ジョンソンから，特許を取ることを勧められ，1930年1月16日に予備申請し，1931年4月に特許を取得した。しかし残念なことに，アイデアをさらに進めていくための資金が集まらず，ホイットルの特許は1934年1月に失効してしまった。しかしその直後に，健康上の理由でイギリス空軍を退役したJ・C・B・ティンリングと，やはりイギリス空軍で元パイロットだったホイットル・ウィリアムスがアプローチしてきた。この二人は1936年にパワージェットという会社を設立した。ウォーウィックシャーのラグビーにある，蒸気タービンを製造していたブリティッシュ・トムソン＝ヒューストン（BTH）が所有する工場で実験用エンジンの製作が始まった。イギリス空軍はターボジェットのアイデアに利点を見出し，大学院在学中のホイットルがプロジェクトに参加することを許可した。そして特別任務リストがつくられ，イギリス空軍が計画の継続性を確保することになった。唯一の条件は，ホイットルが週6時間以上は作業をしないことだった。

パワージェットの情報が航空省に上げられ，王立航空研究所（RAE）による，内燃タービンの航空利用の研究の再開に活用されることになった。RAEも同意したが，推進装置の開発はプロペラを活用するものに集中していた。1939年夏に，航空省の科学的研究主任のD・R・パイ博士がパワージェットを訪れたことでRAEもエンジンの研究をターボジェットに切り替えることにした。博士の訪問後に，一定数の担当者がこの計画に割り当てられたが，これではかなり遅すぎた。1931年初めの時点で，ヨーロッパ各国やソ連（旧ソビエト連邦）も王立印刷局（HMASO）の特許に関する情報を入手しており，たとえば，スウェーデンのミロ社では独自にターボジェットの研究を行い，ドイツでも主要な機体メーカーやエンジン製造企業が，その概念を実用化させるための研究を行っていた。

ホイットルのユニット

技術的，経営的にも問題に直面したパワージェットだったが，ターボジェット・エンジンの試作品として知られる遠心圧縮機と軸流タービンからなるホイットル・ユニット（WU）を完成させた。1937年4月12日に行われた初運転では，二つのドラマがあった。ホイットルはこの試験運転を次のようにまとめている。

「恐ろしい経験だった。始動手順は計画通りに進んだ。手信号で合図し，電気モーターでシステムを2,000rpmまで加速した。燃料を注入し，マグネトーを手で回して，延長した電気コードと点火プラグをつなぎ，それから試験フィルター部がサムアップの手信号を送ってきた。

小さな石英の窓から燃焼室をのぞき，燃料供給バルブを開いてメインバーナーに送った（燃料はディーゼル油）。すぐに悲鳴のような音が上がり，エンジンが加速し始め制御不能になった。私は適切にバルブを閉じたが，制御不能な加速は続いた。私を除いて全員が立ち去った。私は恐怖で，その場から動けなかった」

制御不能な加速に陥った原因は，燃料を供給する前に，燃料パイプ内に燃料が溜まったからだ。点火すると，そちらでも燃焼したのである。こうしたことが二度と起きないように，急いで燃料抜き機構が付けられた。航空省はこのエンジンに関心を持ち，飛行可能にさせるため，パワージェットに対して開発費として6,000ポンドを与えた。

ホイットルと彼の仲間のことを知らないドイツでは，航空省がまだ関心を持っていなかった頃からイギリスの事例以上に，極秘裏にターボジェットの開発が行われていた。ユンカース社では1936年4月にヘルベルト・ワグナーがターボジェットの開発を開始した。同じ月にハインケル社でもハンス・ヨアヒム・フォン・オハイン博士が，ターボジェットの開発に着手した。フォン・オハインはホイットルと同様に1930年代にはまだ学生だったが，ジェット推進機関の特に内燃タービンの開発に着手した。彼はこのアイデアを航空省に持ち込んだが，イギリスの航空省と同様，興味を見せなかった。フォン・オハインは航空機メーカーを持つエルンスト・ハインケルに接近し，1936年3月にアシスタントのマックス・ハーンとともに雇われた。

フォン・オハインは，ハインケルのマリエネへ飛行場で秘密裏に試作を続けた。1937年9月，最初の実証ターボジェットであるHeS 1を完成させ，ベンチ・テストを行った（燃料が水素だけで，いくぶん制御不能ではあるが）。推力10,000rpmの2kN程度で，フランク・ホイットルの初期の特許を思い起こさせる機械だった。HeS 1のベンチ・テストはコンセプトを証明するための単なる手段であり，縮尺模型は型押しの鋼鉄でつくられていた。

ハインケルの試験

1938年3月には，より洗練されたターボジェットHeS 3が，約500kg（1100lb）推力約4.9k Nでベンチ運転したが，このエンジンは制御可能であり，ガソリンで作動した。HeS

ハインケルHe178
タイプ：単座単葉研究機
推進装置：4.4kNのHeS 3ターボジェット1基
最大速度：700km/h
フェリー航続距離：200km
実用上昇限度：不明
空虚重量：1,620kg；最大離陸重量：1,998kg
寸法：全幅7.20m
全長7.48m
全高2.10m
主翼面積9.10m^2

最初のターボジェット機
ハインケルHe178

He178の初飛行が完了するまで，ターボジェットの開発は完全に民間企業の事業で行われたが，このときを境に，ドイツ航空省はその努力に強く関心を抱くようになった。

ハインケルHe178はターボジェットで飛行した最初の実証機だった。

He178は理論値の最大速度700km/h，巡航速度585km/hで，当時のどのピストン・エンジン機よりも高速だった。

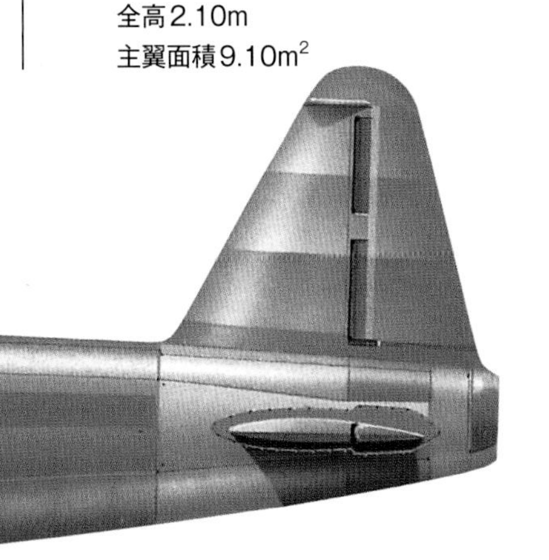

ファーンボロで飛行するグロスター・ホイットルE.28/39の試作機。胴体下部にカメラが装着され，また尾部には垂直尾翼が追加されている。E.28/39はファーンボロでイギリス空軍のパイロットが操縦した。

3はホイットルのエンジンと同様に，遠心式コンプレッサーとインデューサーを使用していた。コンプレッサーからの空気の一部は逆流して環状の燃焼室に入り，一部は逆流して燃焼ガスと混合してからタービンに入る。放射状に流入するタービンはコンプレッサーと同様の構成で，コンプレッサーと燃焼室の配置により，エンジン全体の直径はサイズの割にやや大きめになっている。ローターの最高回転数は13,000rpm，重量は360kg（795lb）だった。

ハインケルはHeS 3エンジンを核にした航空機の製造を行い，このHe118で飛行試験を行ったが，失敗に終わった。この機種はドイツ航空省の新しい急降下爆撃機の要求にも合わせていたが，ユンカースJu87が採用された。HeS 3はHe118でタービンが焼け付くまで，何度も飛行試験を行った。

そこから得られた教訓をもとにつくられたのが改良型エンジンのHeS 3bで，“世界初のジェット試作機“He178に搭載する準備が整えられた。He178はシンプルな設計で，肩翼配置の単葉機構成を採用し，コクピットは主翼の前縁よりもかなり前に置かれた。1939年8月24日にハインケルのテストパイロットであるエーリヒ・ワルシッツの操縦で，マリエネへの滑走路でわずかに跳躍した。

初飛行はこの3日後に行われたが，離陸直後にエンジンが炎上した。エルンスト・ハインケルによれば，空気取り入れ口に鳥を吸い込んだためという。しかしワルシッツは機体を無事着陸させた。もっとも，タービンの運転時間の限界のために飛行を中止せざるを得なかったという説明の方が説得力がある。HeS 3は飛行時にタービン口の温度が上昇すると，6分程度しか運転できなかった。He178は1939年11月にドイツ航空省の高官らに披露されたが，さほど関心は持たれず，挨拶程度に終わった。この機体はベルリンの航空博物館で展示されたが，1943年にロケット動力研究機He176とともに破壊された。

一方，イギリスのパワージェットは1938年5月6日にWUのタービンが13,000rpmで故障し，エンジンが大破するという重大な事態に見舞われていた。WUは元々一つだった燃焼室を10個の小さな燃焼室に変更するなどの改造が施されたが，再構築に5カ月を要し，テストが再開されたのは1938年10月だった。

研究機

ホイットルは大型のWUを飛行可能な設計にするという問題をすでに研究しており，航空省との契約が成立すると，ホイットル式W1A型の試作機の製作を開始した。W1Xは1940年12月14日に初運転された。この間にグロスター・エアクラフトはE.28/39研究機を製作しており，タキシング試験用にW1Xが搭載された。続いてW1の完全な運用エンジンが装備され，1941年5月15日にリンカンシャーのクランウェルで，グロスターの主任テストパイロット，ゲリー・セイヤーの操縦で初飛行した。飛行は17分で終わり，このときセイヤーはエンジン回転数を約16,500rpmに制限し，タービン温度を維持するようにした。推力は3.8kNで，セイヤーは機体の操縦特性を確認した。エンジンは，すでにベンチで25時間の運転を行っていた。

数日のうちにE.28/39はエンジン回転数17,000rpmで最大速度595km/h，最大高度7,625mに達するという，従来のスピットファイアを上回る性能を出した。E.28/39は2機つくられ，2号機は1943年7月30日の飛行中に補助翼が動かなくなり，背面スピンに入り墜落した。パイロットのダグ

自己犠牲爆弾
フィーゼラーFi103ライヒェンベルクⅣ

パイロットは衝突直前に脱出することになっていたが，狭いコクピットと最終降下の急角度，パルス・ジェットの吸気口のすぐ下にコクピットがあったことなどから，脱出は困難だった。

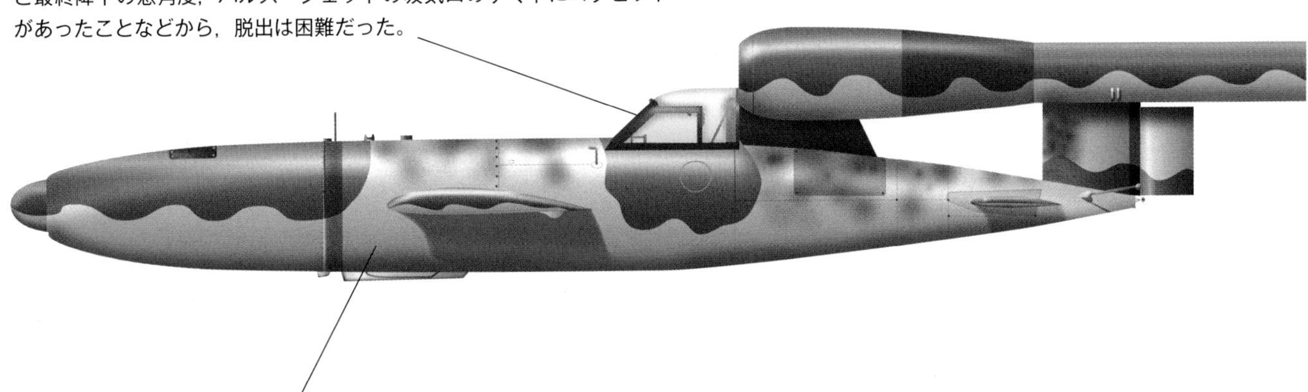

「セルブストプファー（自己犠牲）」と名付けられた有人飛行爆弾は，ヒトラーによる苦肉の手段で，伝統的なドイツの戦いに則ったものではない。

フィーゼラーFi103
ライヒェンベルクⅣ

タイプ：有人空対地ミサイル
推進装置：アルグス014パルス・ジェット1基
最大速度：645km/h
実用上昇限度：2,500m
航続距離：330km
重量：2,250kg
武装：830kgの弾頭1個
寸法：全幅5.70m
　　　全長7.50m
　　　全高 不明
　　　主翼面積 不明

ミーティアF.Mk.1は20機が発注され，そのうち5機がイギリス空軍に引き渡された。実用可能なジェット戦闘機の緊急のニーズに応えるためだった。第616飛行隊は世界最初の実用ジェット戦闘機部隊である。

信頼性のあるフォッケウルフFw200コンドルは，V-1やヘンシェルHs293対艦兵器のミサイル発射試験母機として使われ，実戦でも運用された。

ラス・デイビー少佐は，高度10,000mで脱出し，初めてジェット機から脱出したパイロットになった。E.28/39の試作初号機（W4101）は，ロンドンのケンジントンの科学博物館に展示されている。

ターボジェットの成功はもはや疑う余地がなく，航空省は改良型のW2の開発を許可した。W2はW1と同様にバーナーを逆流させるユニークな設計で，火炎管で加熱された空気がタービン区画に入る前にエンジンの前部に戻る仕組みになっている。これにより，エンジンを「折り畳む」ことができ，全体を短くすることが可能になった。

E.28/39の研究が完了する前の1940年8月にグロスター社は，航空省が概要を示したターボジェット動力戦闘機を提案した。ターボジェット・エンジンで単発戦闘機をつくるには十分な推力がないと気付いていたので，設計は双発機になり，三脚式の降着装置と高く配置された尾翼を組み合わせ，エンジンは低翼の主翼をナセルに収めて装着した。1940年11月に航空省は，この提案に即して，仕様書F.9/40をつくり，翌月に機体の最終設計がまとまった。1941年2月7日にグロスターは航空省から12機の“グロスター・ホイットル航空機”の発注を受けた。計画された生産目標は，月産で機体フレーム80機とエンジン160基だった。初号機は1943年3月5日に初飛行し，エンジンはデ・ハビランドが開発した推力6.7kNのハルフォードH.1だったが，量産型の20機は7.7kNのロールスロイス・ウェランドを搭載した。ウェランドはW.2の新名称である。この20機はミーティアF.Mk.1と名付けられた。

ジェット機の時代

イギリス空軍がジェット機時代に入ったのは，1944年6月だった。このとき先駆けとなったのは，サマセット州タウントン近くにあるカルムヘッドを基地としていた第616飛行隊だった。数名のパイロットがファーンボロで転換訓練を受けたのち，1944年7月に最初のミーティアがカルムヘッドに到着した。ちょうどこのとき，イギリスはV-1飛行爆弾としても知られる，フィーゼラーFi103によるドイツの深刻な脅威に直面していた。

フィーゼラーFi103はジェット・エンジンを簡素化したアルグスAs014インパルス・ダクト（脈動型ラムジェット）をエンジンとし，その動力は，流体力学研究者のパウル・シュミットが1920年代に初めて開発したものである。Fi103の試作初号機は1942年12月にペーネミュンデの研究所に到着し，フォッケウルフFw200に搭載され，無動力によるミサイルとして空力特性が調査された。12月24日に初めて発射され，その後は試験場からバルト海に向けて動力を使った多くの試験発射が実施され，中にはスウェーデンの南沿岸に到達したものもあった。

Fi103は，簡素な片持ち式中翼単葉機で，胴体はコンパス，弾頭，燃料タンク，圧縮空気コンテナなどを収める六つの区画に分けられており，高度と距離設定を行うとともに方向舵と昇降舵を制御するサーボ機構からなる自動操縦装置も備えていた。片持ち式の主翼は1本の管状桁を中心につくられ，桁は中央の燃料区画を突き抜けて左右につながっていた。アルグスAs014パルス・ジェットは胴体後部の上面に配置され，前端部はクラッチ，後端部は垂直尾翼

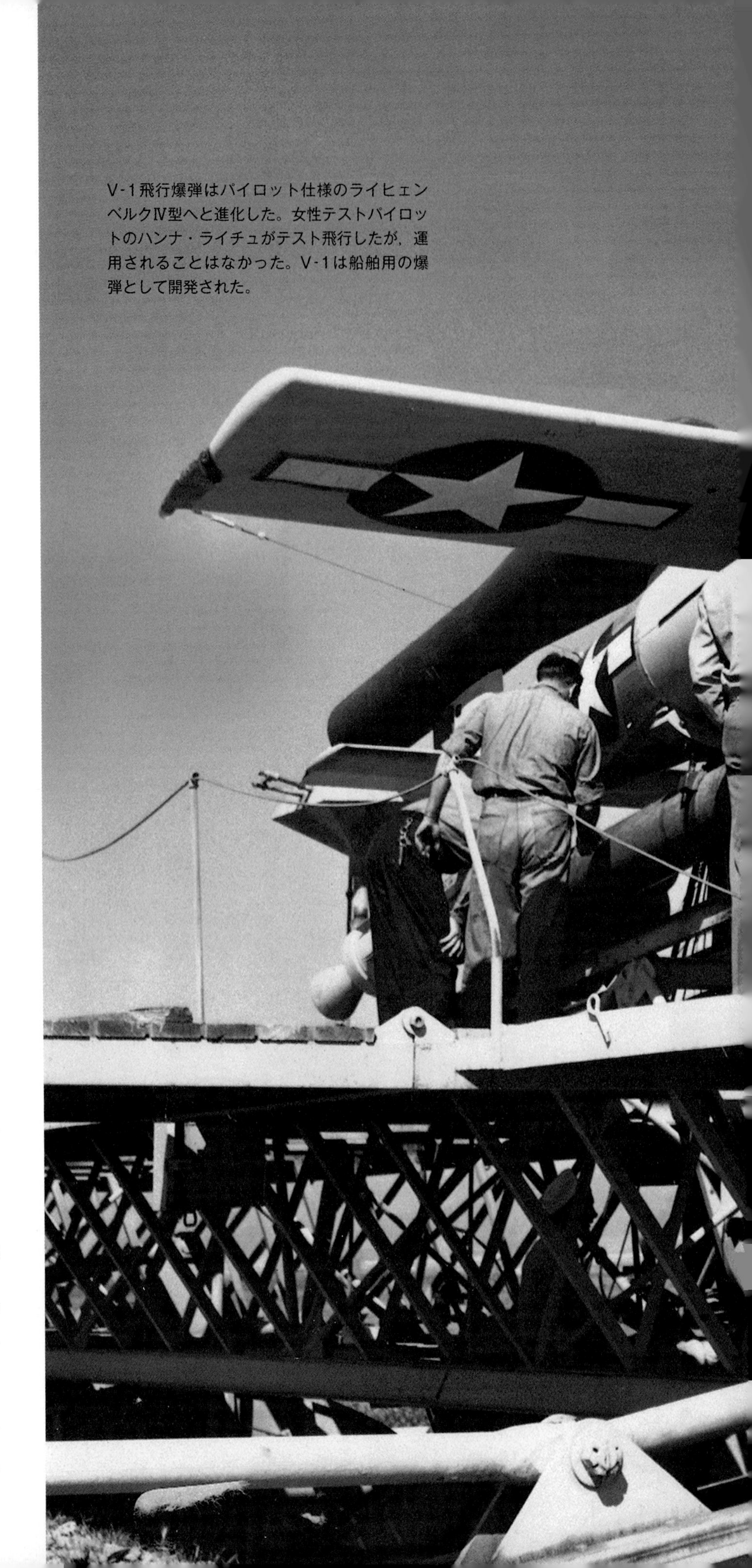

V-1飛行爆弾はパイロット仕様のライヒェンベルクⅣ型へと進化した。女性テストパイロットのハンナ・ライチュがテスト飛行したが，運用されることはなかった。V-1は船舶用の爆弾として開発された。

V-1の有人型であるライヒェンベルクⅣはHe111爆撃機の主翼下に装着され，飛行試験が行われた。通常型のV-1もフランスの発射陣地が制圧されると，ハインケルから空中発射されている。

で支えられていた。

飛行爆弾によるイギリスへの空襲は，「ルンペルカマー（納戸）」のコードネームで実施され，1943年12月15日の作戦開始からFi103による初期の試験段階は成功だった。ただしこの日付は見込み違いで，1943年10月時点でフランスのパ・ド・カレーに配置されていた，第155W高射連隊の指揮下には1個中隊しか配置されておらず，Fi103の発射陣地には十分な訓練を積んだ隊員はほとんどいなかった。さらに，1944年3月には連合軍の航空攻撃を受けて，96基の発射台のうち破壊を逃れられたのは14基だけだった。

ルンペルカマーが始まったのは1944年6月12日，13日の夜で，その日から大部分の拠点がイギリス軍に制圧される1944年8月31日までに，ロンドンに対して8,564発，サザンプトンに対して53発のV-1が発射された。後者はハインケル111によっても空爆された。ロンドンで記録された総命中数は2,419発だった。防空に従事する戦闘機パイロットにとって，V-1は標的が非常に小さいという事実のほかに，飛行爆弾に対する速度差が小さく，迎撃にかけられる時間が短いことが大きな問題だった。

小さな分裂

1944年8月31日の時点でV-1の基地は，連合軍の地上軍により最終的に制圧され，また防空部隊により13発が破壊された。全体数には細かな食い違いがあるが，それでもこの破壊数は，ミーティアの小型・高速目標への対応能力を実証したものと評価されている。

1944年の残りの日々は，第616飛

行隊が連合軍要人へのデモンストレーション飛行の披露や，イギリス空軍爆撃機コマンド（このころ昼間任務が増えていた）あるいはアメリカ第8航空軍と合同の航空演習への参加など，のんびりした時間を過ごしていた。演習の主目的は，連合軍爆撃機の指揮官が行う，ドイツのメッサーシュミットMe262ジェット戦闘機に対する防御戦術の開発支援をすることだった。昼間爆撃を行う爆撃機編隊に立ち向かってくるMe262に対し，連合軍の護衛戦闘機はほぼ無力だったのである。

Me262の開発

MW262の設計作業は，世界最初のジェット動力機であるハインケルHe178の初飛行から1カ月後の1939年9月に始まった。しかし，エンジン開発の遅れ，連合軍による空襲，ヒトラーが戦闘機ではなく，爆撃機の使用に執着していたことなどから作業は遅れ，Me262がメッサーシュミットの設計図に描かれてから，ドイツ空軍で就役するまでに6年を要した。

ジェット・エンジンがなかったため，Me262の試作機Me262V-1は，

ドイツの不思議なジェット機
メッサーシュミットMe262

メッサーシュミットMe262は優れた空力設計が採られていたが，ターボジェット・エンジンの運転寿命がわずか25時間程度しかなかったことが災いした。このドイツのジェット戦闘機は，かなりの空戦を経験した。

メッサーシュミットMe 262A-2

タイプ：単座制空戦闘機
推進装置：8.82kNのユンカース・ユモ004B-1/-2/-3軸流ターボジェット2基
最大速度：870km/h
フェリー航続距離：1,050km
実用上昇限度：11,450m
空虚重量：3,800kg；最大重量：6,400kg
武装：30mmのラインメタル・ボルシグMK108A-3機関砲2門（弾数各100発），R4M空対空ロケット弾12発または226kg爆弾2発
寸法：全幅12.50m
全長10.58m
全高3.83m
主翼面積21.73m^2

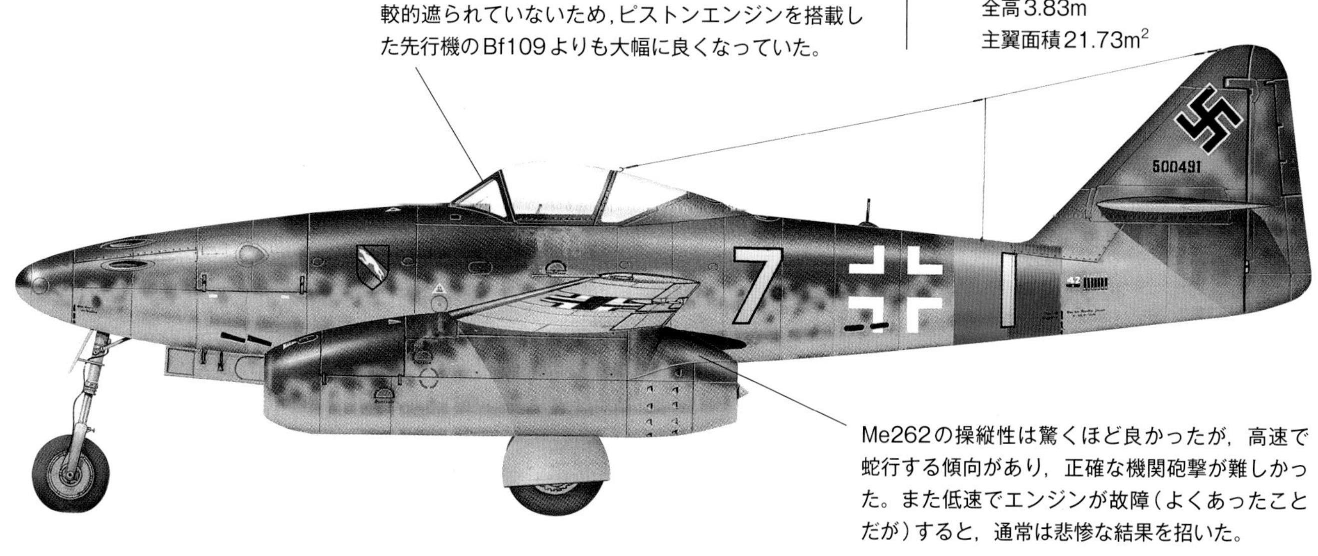

Me262のコクピットからの視界は，キャノピーが比較的遮られていないため，ピストンエンジンを搭載した先行機のBf109よりも大幅に良くなっていた。

Me262の操縦性は驚くほど良かったが，高速で蛇行する傾向があり，正確な機関砲撃が難しかった。また低速でエンジンが故障（よくあったことだが）すると，通常は悲惨な結果を招いた。

ユンカース・ユモ210Gピストン・エンジンで1941年4月18日に初飛行し，Me262V-3がターボジェットで最初に飛んだのは1942年7月18日だった。それに比べ，イギリスのターボジェットの開発計画がロールスロイスに引き継がれると，より早く進展した。ドイツ製にくらべ性能は劣るものの，はるかに信頼性は高かった。Me262のユモ004は突如として悲劇的な故障を起こすことがあり，エンジンの運転寿命は25時間程度だった。

対地攻撃任務

グロスター・ミーティア2番目のタイプであるミーティアF.Mk.3は，F.Mk.1が装備したロールスロイス・ダーウェント1（8.99kN）よりも良い推進装置を備えたが，第616飛行隊への配備は1944年12月まで開始されなかった。その後，Mk.3はイギリス空軍戦闘機コマンドの15個飛行隊に配備されたが，終戦直前に第616飛行隊がベルギーで対地攻撃任務の運用試験を行った。続いてロールスロイス・ダーウェント5の双発ミーティアF.Mk.4がつくられた。このタイプは1945年4月に初飛行し，11月には975km/hという世界速度記録を樹立した。

一方，イギリスで2番目に実用化されたジェット戦闘機が登場した。1942年5月に設計作業が開始されたデ・ハビランドD.H.100バンパイアは，試作機が1943年9月20日に初飛行し，1941年春には幅広い高度域で速度800km/hを維持できる，連合軍最初のジェット戦闘機となった。バンパイアの量産型は1945年4月に初飛行したが，実働飛行隊への

エンジンをより強力にしたグロスター・ミーティアF.Mk.3は，ただちにイギリス空軍第617飛行隊でMk.1と置き換えられた。1945年初めにはヨーロッパ大陸で対地攻撃に使用が検討されたが，ドイツ空軍機と戦うことはなかった。

イギリス空軍のジェットの先駆者
グロスター・ミーティアF.Mk.3

ミーティアF.Mk.3 EE455は製造ラインから抜き出してMk.4仕様にした２機のうちの１機で，VHF無線機と兵装を外し，特殊な高速仕上げにした世界速度記録挑戦機である。

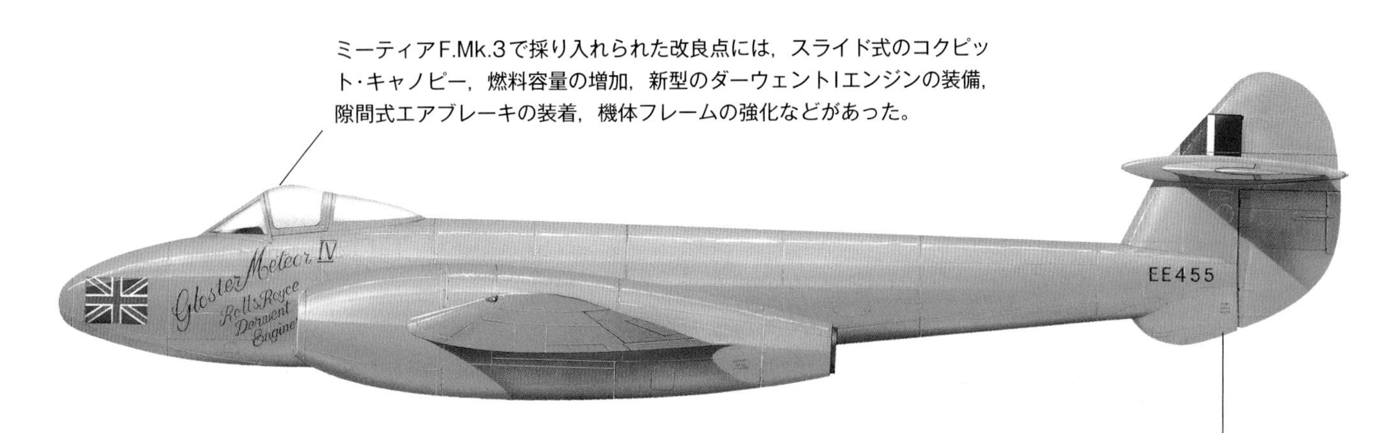

ミーティアF.Mk.3で採り入れられた改良点には，スライド式のコクピット・キャノピー，燃料容量の増加，新型のダーウェントIエンジンの装備，隙間式エアブレーキの装着，機体フレームの強化などがあった。

方向安定性の問題を解決するためにF.90/40仕様書で定められた大型の垂直尾翼と方向舵が導入された。方向FAの側面は平らになり，垂直尾翼と水平尾翼の間に「どんぐり」形のフェアリングが設けられた。

グロスター・ミーティアF.Mk.1

タイプ：単座昼間戦闘機
推進装置：7.56kNのロールスロイスW.2B/23Cウェランド・シリーズIターボジェット２基
最大速度：675km/h（高度3,048m）
実用上昇限度：12,197m
空虚重量：3,737kg；搭載時重量：6,258kg
燃料容量：1,363L
武装：機首にイスパノ20mm機関砲４門
寸法：全幅13.10m
全長12.50m
全高3.90m
主翼面積34.70m^2

アルプスを背景に撮影されたスイス空軍のデ・ハビランド・バンパイアF.Mk.6。スイス空軍はバンパイアとその後続機ベノムの主要な運用国だった。

引き渡しが開始されたのは1946年になった。バンパイアは10.2kNのハルフォードH1，その後はゴブリン・エンジンの単発機になった。

ジェネラル・エレクトリックI-Aターボジェットを2基搭載して，アメリカ最初のジェット戦闘機ベルP-59エアラコメットは，1942年10月1日に初飛行した。このエンジンはホイットルE.2Bエンジンの派生型で，その後13回の飛行では，より推力の強力な6.23kNのI-16が搭載された。2機がアメリカ海軍の評価に使われ，3号機はグロスター・ミーティアF.Mk.1と交換してイギリスに送られた。イギリスに送られたエアラコメットは推力不足で，性能は予測を大きく下回った。そのため，初期発注の100機は大幅に削減され，生産機はJ31-GE-3エンジンを搭載したP-59A 20機と，J32-GE5を搭載したP-59B 30機だった。エアラコメットは第二次世界大戦で実際には就役しなかったが，ジェット機の実用化に向けて技術者と乗員にとってアメリカに貴重な経験をもたらした。

アメリカ初のジェット戦闘機

アメリカにとって本当の意味で最初のジェット戦闘機となったのが，ロッキードP-80シューティングスターである。イギリスの戦闘機と同じく，極めて一般的な設計が採用されていた。P-80は第二次世界大戦終結から5年間にわたり，アメリカ陸軍の戦術戦闘飛行隊と戦闘迎撃飛行隊の主力となった。試作機のXP-80は1943年にアメリカに供給されたデ・ハビランドH-1ターボジェットを中心に設計され，わずか143日で機体が完成し，1944年1月9日に初飛行した。1945年4月には2機のYP-80がイギリスの第8航空軍に，さらに2機がイタリアにも送られたが，戦争が終わるまでにヨーロッパでの実戦で飛行した機体はなかった。初期に生産されたP-80Aは，

1945年末にアメリカ陸軍航空軍の第412戦闘機群（1946年7月に第1戦闘機群となり，第27，第71，第94戦闘機中隊で編成）に就役した。

運用状態

ドイツでは，1944年末になってようやくメッサーシュミットMe262の生産が加速し，年末までに730機が完成した。

1945年に入って数カ月で，さらに564機がつくられ，生産数は計1,294機になった。Me262は純粋に戦闘機として生産され，1944年8月にアウグスブルク近郊のレックフェルトの第262試験部隊（EK262）に投入された。この部隊はティエルフェルダー大尉が指揮していたが，事故で死亡した。そのため，後任として23歳のドイツ空軍パイロット，ワルター・ノボトニー少佐が代わって指揮を執ることとなった。彼は東部戦線での255機を含め，258機の撃墜記録を持つトップ・パイロットだ。

部隊は10月末に，「コマンド・ノボトニー」として知られるようになり，完全な運用状態に達した。オスナブリュック近郊のアックマーとヘセペの飛行場に配備されたが，この飛行場はアメリカの昼間の爆撃機の主要な進入ルートに面していた。

十分な訓練を受けたパイロットの不足と，技術的な問題によりコマンド・ノボトニーは，通常，敵の編隊に対して1日に3～4回しか出撃できなかったが，1944年11月に22機を撃破した。1944年末の数週間，Me262は連合国の航空優勢を脅かす深刻な脅威となったものの，11月末には，30機あったコマンド・ノボトニーの機体のうち，使用可能なのはわずか13機になっていた。

夜間戦闘機
デ・ハビランド・バンパイアNF.Mk.10

イギリス空軍が夜間ジェット戦闘機を発注するのに時間を要したことから，デ・ハビランドは自社の資金でD.H.113バンパイアNF.Mk.10を開発し，イギリス空軍は最終的に95機を受領した。

デ・ハビランド・バンパイアFB.Mk.5

タイプ：単座戦闘爆撃機
推進装置：13.8kNのデ・ハビランド・ゴブリン2ターボジェット1基
最大速度：860km/h
フェリー航続距離：1,755km
実用上昇限度：12,000m
空虚重量：3,300kg；搭載時重量：5,618kg
武装：イスパノMk.V 20mm機関砲4門
寸法：全幅11.6m
全長9.37m
全高1.88m
主翼面積　24.32m²

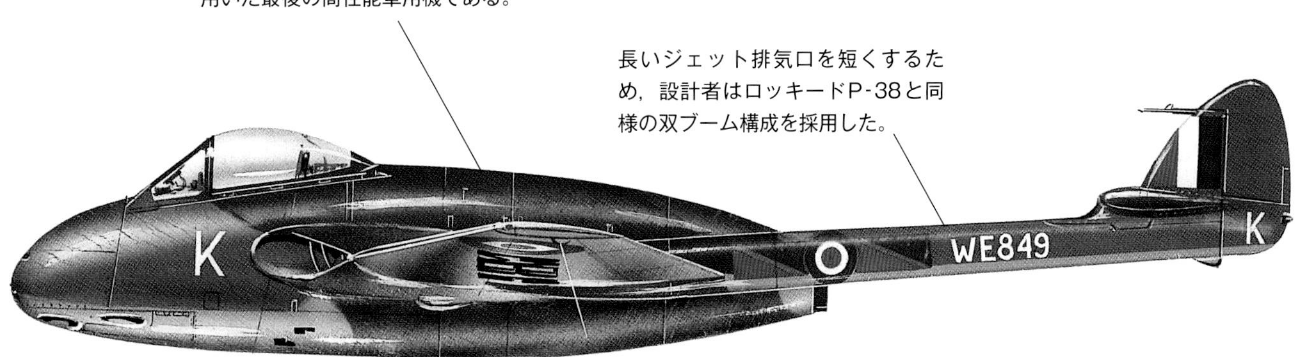

バンパイアは木材と金属の複合構造を用いた最後の高性能軍用機である。

長いジェット排気口を短くするため，設計者はロッキードP-38と同様の双ブーム構成を採用した。

アメリカ最初のジェット戦闘機ベルP-59エアラコメット。1942年10月1日に試作機が初飛行したが，ジェネラル・エレクトリックI-Aエンジンが推力不足だったため，ホイットニーW.2Bエンジンに変更された。

Me262は2タイプが並行して開発された。戦闘爆撃機型のMe262A-2aシュトゥルムフォーゲル（ミズナキドリ）と戦闘機型のMe262A-1aである。1944年9月にシュトゥルムフォーゲルは第51爆撃航空団（KG51）“エーデルワイス”に配備され，その後このタイプを装備した部隊にはKG6，KG27，KG54があった。実戦訓練中に発生した問題により実戦デビューは遅れたが，1944年の秋になるとMe262は連合軍の目標（主に移動する隊列）を低空で攻撃する機体として，その数を増やしていった。また，Me262A-1a/U3とMe262A-5aという2種類の偵察機も登場した。

1944年末にはヨハネス・シュタインホフ少佐の指揮で，Me262戦闘機部隊「第7戦闘航空団（JG7）ヒンデンブルク」が新しく編制された。その後，アドルフ・ガーランド中将が指揮する第2のMe262ジェット戦闘機部隊，第44航空団（JV44）の編成権限も与えられた。この部隊は45名の経験豊富なパイロットで構成されており，その多くはドイツのトップスコアを誇るエースだった。主な活動拠点はムッヘン・リエムで，第15陸軍航空隊の爆撃機を主な目標としていた。レーダーを搭載した二人乗りの夜間戦闘機「Me262B-1a/U1」など，Me262のいくつかの派生型が提案され，1945年3月から短期間で運用されることになった。

ジェット爆撃機

終戦までにドイツでは，さらに2種類のジェット機が実用化された。最初はアラドAr234ブリッツ（雷）で，世界初の実用ジェット爆撃機である。試作機のAr234V-1は1943年6月15日に初飛行し，続く7機（Ar234V-2からV-8）までは，トロリーおよびソリ式の降着装置を使用した。試作2号機のAr234V-2はあらゆる面で初号機と同じだったが，3号機のAr234V-3では射出座席とロケット補助離陸装置が付けられた。トロリーとソリによる降着装置はその後廃止され，初期量産型のAr234A-1からは，通常の車輪式になった。この機体はAr234Bと呼ば

第二次世界大戦後に撮影されたロッキードP-80シューティングスター。アメリカ最初の完全な実用ジェット戦闘機で，朝鮮戦争に投入された。

れ，210機が製造された。実用化されたのは非武装の偵察機型Ar234B-1と，爆撃機型Ar234B-2の2種類のみである。

試作機のV-5とV-7は，1944年7月にランス近郊のジュヴァンクールにあるドイツ空軍最高司令部試験部隊に納入され，実際にAr234最初の運用飛行を行った。どちらの機体もワルターのロケット補助離陸装置で離陸し，イギリス南岸の港を高度9,000mから写真撮影した。9月に部隊がラインに移されるまでの間，イギリス上空で数回の出撃が行われた。ほかの偵察試験部隊にもAr234が導入され，1945年1月に，これらはラインの第100，第123長距離/戦略的偵察群（I/F.100，I/F.123），ノルウェーのスタバンゲルの第33

メッサーシュミットMe262の初期試作機。尾輪式の降着装置は離陸が難しく危険だった。このため，三脚式に変更された。

世界初のジェット爆撃機 アラドAr234

アラドAr234の最初の実働出撃は，1944年7月に引き渡された試作機のV-5とV-7により行われた。

コクピットには初歩的だが効果的な射出座席が備えられた。

直進速度は連合軍のピストン・エンジン戦闘機をしのいだが，低速では機動性が低かった。

アラドAr234B-2

タイプ：単座ターボジェット双発戦術偵察爆撃機
推進装置：8.80kNのユンカース・ユモ004B-1オルカン・ターボジェット・エンジン2基
最大速度：742km/h（高度6,000m）
航続距離：1,630km
実用上昇限度：10,000m
空虚重量：5,200kg；最大離陸重量：9,800kg
武装：爆弾最大1,995kg
寸法：全幅14.44m
全長12.64m
全高4.29m
主翼面積27.3m^2

長距離/戦略的偵察群(I/F.33)に統合された。ジェット爆撃機は1945年初めの数週間，非常に活発に活動し，最も注目すべき任務は，1945年3月にアメリカが占領したレマーゲンのルーデンドルフ橋を10日間にわたって攻撃したことだ。3月末以降，Ar234の出撃はほとんどなかったが，上方射撃機関砲を搭載するように改造された2機のAr234を装備した実験的なAr234夜間戦闘機部隊「コマンド・ボノフ」は，終戦まで活動を続けた。

ドイツ最後の戦闘機

もう一つのジェット機が，ハインケルHe162サラマンダーである。胴体にターボジェットを取りつけたHe178の開発を断念したエルンスト・ハインケルは，1939年から1940年の冬にかけて，He280双発ジェット戦闘試作機の開発に集中した。この試作機は1940年9月22日に初飛行したが，ターボジェット・エンジンの問題からこの機体にはエンジンが装備されず，He111により高高度に曳航され，そこで切り離されて飛行した。ターボジェットを使って初飛行したのは，1941年4月のことだった。試作機は9機作られて飛行したが，エンジンの完成が見込めず，また飛行性能も期待できなかったことから，量産には至らなかった。

この試作機ではジェット・エンジンの開発を主体に，多くの試験が行われた。単発機であるハインケルHe162サラマンダーの設計は戦争末期に完成した。大戦の終盤，最後の航空戦闘機として開発されたハインケルHe162は，設計図から1944年12月6日の初飛行まで，わずか10週間で完成した。金属が不足していたため，主に木材で作られた。試作機31機，量産機275機が製造された。最初の1機はシュレスウィヒ＝ホルシュタインの第1戦闘航空団(JG1)に配備されたが，終戦までには完全な運用体制にはならなかった。連合軍との会敵は数回あったが，1機が1945年4月19日にイギリス空軍のテンペストに撃墜された可能性がある。

1943年6月15日に初飛行した試作初号機Ar234V-1。これに続く7機(Ar234V-8まで)はトロリーおよびソリ式の降着装置だった。

初期量産型のAr234A-1は元々のトロリーおよびソリ式の降着装置を維持し，Ar234Bからは通常の車輪式になった。

ドイツ空軍最後のチャンス
ハインケルHe162サラマンダー

フォルクスイェーガー（国民戦闘機）としても知られるハインケルHe162サラマンダーは，第二次世界大戦末期にドイツ空軍最後のチャンスとして登場した。

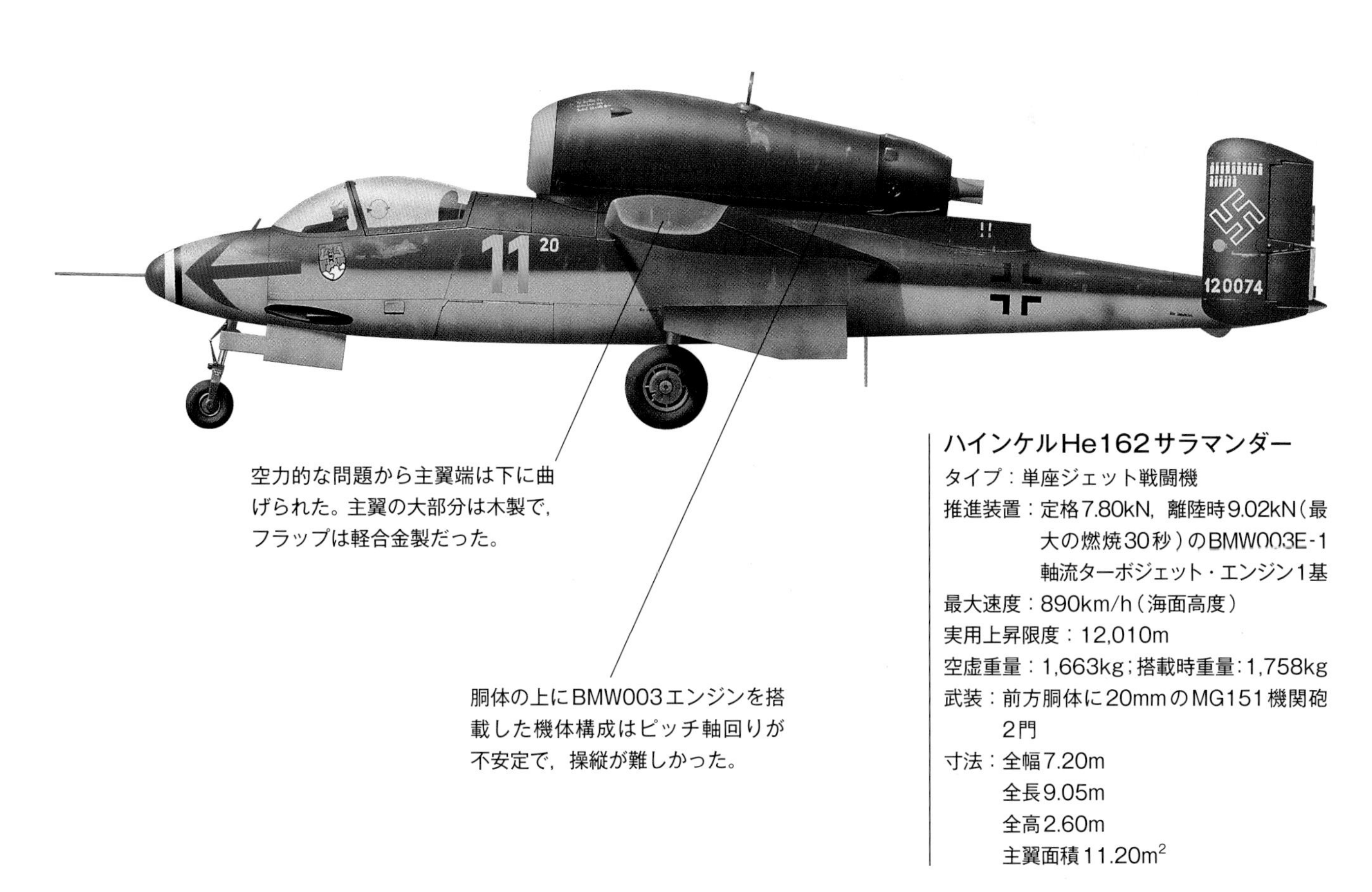

空力的な問題から主翼端は下に曲げられた。主翼の大部分は木製で，フラップは軽合金製だった。

胴体の上にBMW003エンジンを搭載した機体構成はピッチ軸回りが不安定で，操縦が難しかった。

ハインケルHe162サラマンダー

タイプ：単座ジェット戦闘機

推進装置：定格7.80kN，離陸時9.02kN（最大の燃焼30秒）のBMW003E-1軸流ターボジェット・エンジン1基

最大速度：890km/h（海面高度）

実用上昇限度：12,010m

空虚重量：1,663kg；搭載時重量：1,758kg

武装：前方胴体に20mmのMG151機関砲2門

寸法：全幅7.20m
全長9.05m
全高2.60m
主翼面積11.20m^2

He280の試作機は9機がつくられ，
一部には試験的に武器が取り付けられ
たが，性能が低く量産されなかった。

ロケットに対する魅力を常に感じていたソ連だが，ロケット動力機の開発に主眼を置き，ターボジェットの開発を始めたのは戦後になってからだった。ソ連が最初に試みたのはロケット推進の目標防衛迎撃機ベレズニャク・イサエフBI-1で，ダシュキンD-1ロケット・モーターを動力とし，毎秒180mの上昇率を持つように設計され，高高度まで曳航したグライダーでの試験に成功した。

混合構造の小型低翼単葉機BI-1は，わずか40日で製作され，1941年9月10日にグライダーとして初飛行した。1942年5月15日に行われた最初の動力飛行も成功したが，その直後の試験で低高度を最大推力で飛行しているときに墜落し破壊されている。この挫折にもかかわらず，7機の先行量産機がつくられて計画は進展した。しかし続く飛行試験で，空力的な問題が見つかった。加えて，ダシュキンの多燃焼室ロケット・モーターも無数の欠点があり，動力飛行の滞空時間が8分という，運用に耐えられないことも判明し，計画は終焉を迎えた。

ソ連初のロケット動力短距離迎撃機という試みから開発されたBI-1。
ダシュキンD-1ロケット・モーターを動力とした。

ロケット動力飛行

対照的にドイツでは，ロケット動力による実用戦闘機の開発がうまく進んでいた。ただし，その成功はヨーロッパでの戦いに影響を及ぼすには

給油・給弾点に戻す専用の牽引トレーラーに乗せられたメッサーシュミットMe163。地上での操縦は容易ではなかったが，空中では優れた飛行特性を発揮した。

遅すぎた。その航空機はメッサーシュミットMe163コメートである。Me163は1938年にアレクサンダー・リピッシュ博士が設計した試作機のDFS194を，メッサーシュミットとそのスタッフがさらに発展させたものである。2機のMe262試作機がつくられ，1941年春に無動力グライダーとして飛行し，7.4kNのワルターHWKR. IIロケット・モーターを搭載したMe262V-1が，年末にペーネミュンデに送られた。燃料は80%の過酸化水素と20%の水を混ぜたT剤と，ヒドラジン，メチルアルコール，水を混ぜたC剤を組み合わせた高揮発性物質だった。最初のロケット動力飛行は1941年8月に行われた。その後の実験で，Me163は最大速度1,000km/hにまで達し，あらゆる世界速度記録を塗り替えた。1944年5月，コメート最初の実働部隊となる第400戦闘航空団（JG400）がヴィットムントハーフェンとフェンローで編成された。しかし，多くのMe163が着陸時の事故で失われた。コメートは約300機が製造され，JG400は世界で唯一の実用ロケット戦闘機部隊となった。Me163は就役期間が極めて短かったものの，9機の撃墜を記録している。

第9章
回転翼：初期の開発

第二次世界大戦では，ヘリコプターという航空の新しい概念の結実も見られた。ただ，そのアイデア自体は決して新しいものではなかった。紀元前4世紀に古代中国の多くの子供たちが，棒の先端に少しねじれた羽を付けて，回すことで飛び上がるのに十分な揚力を得るおもちゃで遊んでいた（今日の竹とんぼの原型）。そして15世紀にはレオナルド・ダ・ヴィンチが回転翼の原理の発展を深く予見していた。ダ・ヴィンチは「持ち上がるネジ（空気ネジ）」の詳細なスケッチを描いている。しかし「持ち上がるネジ」の実用的な設計がなされたのは，それから300年後だった。

18世紀から19世紀にかけて，ジョージ・ケイリー卿を始めとした数々の初期の航空先駆者が，回転翼概念の実験を試みた。1842年にはイギリス人技術者のW・H・フィリップスが，簡素な蒸気エンジンで飛ぶ回転翼模型を製作した。

最も興味深かったのは，ジェット機のような推進力を使っていたことだ。小さなボイラーから出た蒸気が，中空のチューブを通ってローターシャフトを上昇し，2枚羽根のローターの中を通って，それぞれの羽根の先端にある小さな穴から圧力をかけて大気中に排出され，その反動でローター・アッセンブリーが回転し，あまりうまくはいかなかったものの模型が飛んだ。模型飛行機でエンジンの力を借りて飛んだのはこれが史上初である。

やがて回転翼のアイデアが流行を見せ始め，科学者や発明家たちが熱心に取り組んだ。その中の一人，ギュスターヴ・ポントン・ダメクール子

◀イギリス人のジョージ・ケイリー卿による1843年の模型。ケイリー卿は四つの回転域「ベーン（羽弁）」を使い，ヘリコプターのローターと同様の理屈で揚力を得ようと考えた。しかし，彼はこのアイデアをすぐに捨て，やがて固定翼機の設計の先駆者となった。

ブレゲーとリシェのジャイロプレーン1号。地面から垂直に上がるときに，ローターを支える4本のアームの先端に人が立っていなければならないという制約があった。

1907年にポール・コルニュが設計し製作した「空飛ぶ自転車」が，人間を垂直に持ち上げて自由飛行させた初めての機械となった。

爵は，回転翼式飛行装置の開発を進めるために，小さな愛好家グループを結成した。1863年，彼は仲間と一緒に，1本の軸に二つのローターを取り付けた蒸気で動く小型の模型飛行機をつくった。自分の作品にふさわしい名前を探していたダメクールはギリシャ語の「ヘリコス（らせん）」と「プテロン（翼）」を組み合わせることを思いつく。そして彼の模型は「ヘリコプターレ」となり，今では回転翼機の名称として世界的に使われる名前が誕生した。

実現可能な命題

ガソリン・エンジンの発明が，実物大の回転翼機という概念を実現可能な命題にした。しかし，それはライト兄弟によるキティホークでの歴史的な飛行からさらに4年を要した。そして，回転翼とガソリン・エンジンを組み合わせて人間を地上から持ち上げることができるヘリコプターが誕生した。その機械は3人のフランス人，ルイとジャック・ブレゲー，そしてシャルル・リシェが考案し製造したものだった。鋼管により四角に組まれたフレームの中央に，エンジンとパイロットが配置され，フレームの各角には同じく鋼管製のアームがある。各アームの先端にはローター・アッセンブリーがあり，見ようによっては複葉機の主翼のようで，4組の羽布張りのブレードは2組の対で中央のハブに取り付けられている。全部で32枚の揚力面を持ち，一方の組は時計回り，別の組は反時計回りで一斉に回転する。

1907年8月24日，ドゥエーでボルマールという名の男が，この仕掛けに乗り，初めてわずかな飛行をした。浮き上がったのは61cmで，機械が激しく揺れるのを抑えるために4人のアシスタントが補助し，アームを握っていたので自由飛行ではないが，航空史上初めて回転翼機が人を乗せ，支援なしで浮き上がったとするに値するものとなった。

9月29日には，ブレゲーとリシェのジャイロプレーン1号が，やはり支えられて飛行した。機体は高さ155cmまで上がったが，恐ろしく不安定で，設計者はそこで作業の終了を決心し，完全に新しい機械をつくることにした。

ブレゲーとリシェはジャイロプレーン２号が，世界初の自由飛行を達成できると期待したが，その希望は完成前に打ち砕かれた。1907年11月13日に，同じフランス人のポール・コルニュに先を越されてしまったのである。コルニュは，「空飛ぶ自転車」として知られる回転翼機を設計した。この機体には18kWのアントワネット・エンジンが，V字型のフレームに燃料タンクおよびパイロット座席とともに取り付けられていた。さらに羽布で覆われたパドル型のブレーを持つローターが前後に付けられ，これが自転車型の大きな車輪に装着され，エンジンからベルトに結ばれて，水平方向に回転した。コルニュはその1年前に，1.5kWのエンジンを搭載した模型を製作し，飛行させている。

実大の機体は，リジュー近郊のコカンビリエで初飛行し，30cmの高さで20秒浮かび上がった。その後の飛行では，高さを2m強にまで上げた。しかし，トランスミッション・システムを中心に大きな問題が発生し，コルニュは資金不足で開発を断念せざるを得なかった。

ひどい損傷

1908年の夏，ブレゲーとリシェのジャイロプレーン２号機が登場した。それは前作とは似ても似つかない，はるかに進化したものだった。41kWのルノー・エンジンを搭載し，前方に傾いた2枚のブレード・ローターを備えていた。1908年7月22日，4.5mの高さまで上昇し，ある程度のコントロールのもと18mの距離を飛行した。その後も何度か飛行に成功したが，9月19日には不時着して大破した。12月，ジャイロプレーン２号機は大規模な修復を経て，パリで公開された。1909年4月にもテスト飛行が行われたが，それ

1908年にブレゲーとリシェは，41kWのルノー・エンジンと前方に傾けた２枚ブレード・ローター二つを持つジャイロプレーン２号機を共同で製造した。

1910年に，失敗に終わった2機目のヘリコプターと写真に収まるイゴール・シコルスキー。短距離の上昇を行ったが，パイロットを持ち上げる能力はなかった。シコルスキーはこの前年に最初のヘリコプターを製作していた。

以上の実験を行う前に，嵐に見舞われ，ブレゲーの敷地内で破壊されてしまった。その後，ブレゲーは固定翼機の開発に専念し，再びヘリコプターに興味を持つようになるのは20年後のことである。

一方，ソ連（旧ソビエト連邦）では，ある若い航空技術者が同様にヘリコプターに思考を向けていた。彼は1909年に同軸ローターを有する小型ヘリコプターを設計し，製作した。エンジンはうまくローターを回転させたが，地上での試験で激しく振動し，飛行には至っていない。1910年には2機目を製造し，パイロットを乗せずに1，2度係留飛行を行った。しかし，自重以上のものを持ち上げるのに十分な推力はないことがわかり，2度目の失敗から，彼は固定翼機の設計に関心を持つようになった。のちにロシア革命が起きると，彼はアメリカに移住し，ヘリコプターの歴史で最初のページを飾ることになる。この男こそ，イゴール・シコルスキーである。

20世紀初頭の回転翼機分野における，そのほかの注目される先駆者には，デンマーク人のヤコブ・クリスチャン・エレハマーがいる。1911年にヘリコプターの模型をつくり，何度か飛行し，翌年には自身が設計した27kWのエンジンを動力にした実物大の機械を製作した。エンジンは主ローターと牽引式プロペラの双方を駆動し，揚力を生み出すローターは同軸で互いに逆の方向に回転する二つの環に取り付けられていた。下側の環は羽布で覆われ，揚力を増強した。屋内で何度か係留飛行をしたのち，1912年秋に自由垂直離陸を行った。さらに何度かの短い飛行をしたが，1916年9月に離陸後の激しい振動でローター・ブレードが地面を打ち，分解してしまった。

安定性の欠如

第一次世界大戦終戦後まもない頃，ヘリコプター設計における，比較的軽量で冷却が容易なロータリー・エンジンの可能性にいち早く着目したのが，スペインのラウル・パテラス・ペスカラ侯爵だった。1919年から1920年にかけてバルセロナで製作された彼の最初のヘリコ

ヤコブ・クリスチャン・エレハマーは1912年にヘリコプターをつくり，飛行させた。その後も試験を続けたが，1916年，ヘリコプターは離陸時にローターが地面に当たって横転し，大破した。

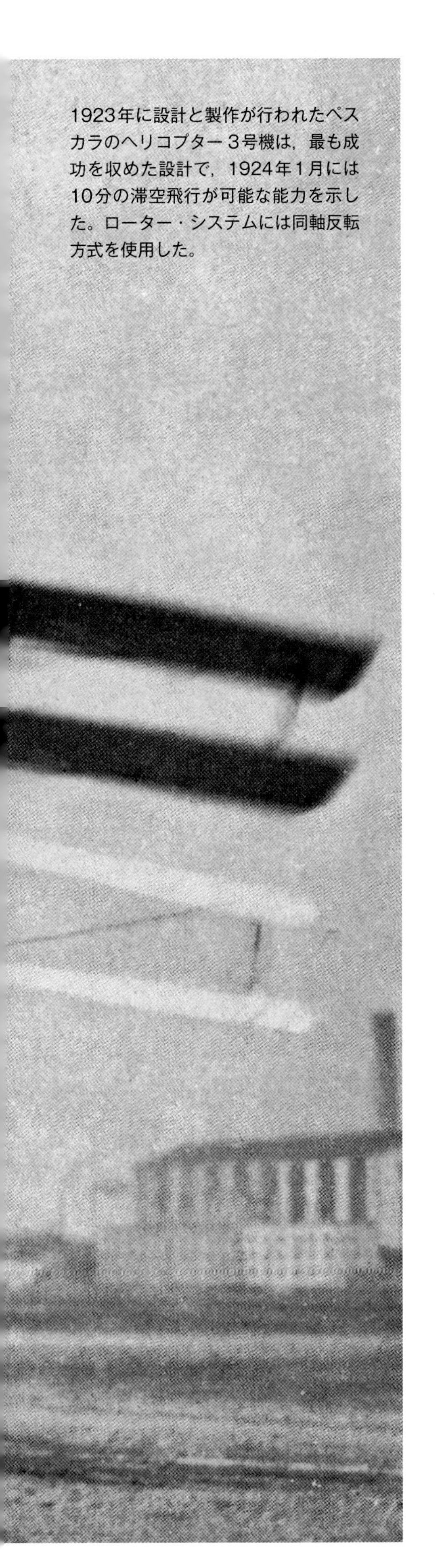

1923年に設計と製作が行われたペスカラのヘリコプター３号機は，最も成功を収めた設計で，1924年１月には10分の滞空飛行が可能な能力を示した。ローター・システムには同軸反転方式を使用した。

1924年のウーミシェンのヘリコプター２号。十字レイアウトの鋼管フレームを基本に，パドル型のブレードを２枚持つローターを，４本のアームの先端に装着していた。

プターは，34kWのイスパノ製エンジンを搭載していたが，このエンジンでは機体を地面から浮かせることができなかった。

1921年初め，ペスカラは試作機に，イスパノ・エンジンを127kWのル・レー回転式ユニットに変更するなどの改修を加えた。この機械も短い垂直飛行を行ったが，まったく安定性に欠けていた。1923年にペスカラはフランスに移り，そこでさらにヘリコプター製作に励み，第3号の設計を完成させ，公式に認められる最初のヘリコプター記録をつくった。記録されたペスカラ最初の飛行記録は，1923年6月1日に行われ，彼のヘリコプターは水平方向に83.2m，平均高度1.83mを飛行した。6月7日には新たに飛行距離122mを打ち立て，8月2日にはさらに305mに延ばした。

さらにペスカラは，いくつかのヘリコプター記録を樹立した。しかし，これらはフランス航空クラブの監督下で行われたため，国際航空連盟（FAI）には公認されなかった。彼の栄誉の多くはFAIが回転翼機部門をつくったのちに，最大のライバルでありプジョー自動車で技術者だった，エティエンヌ・ウーミシェンの手に落ちた。

ウーミシェンは1920年代に回転翼の試作を始め，いくつもの興味深い設計を行い，いずれも回転式エンジンを動力にしていた。彼にとって2番目の設計は，鋼管製の交差型フレームを使い，両端のアームに大型の2枚ブレード揚力ローターを取り付け，計8枚のプロペラがあるものだった。そのうち5枚が安定性をもたらし，機首部に付けられた六つ目が方向操縦に用いられた。残る二つは，前方推進用である。エンジンは89kWのル・レーで，1922年11月11日に初飛行し，高度の安定性と操縦性を示した。エンジンは134kWのノームに変更され，このエンジンで1920年代中期までに1,000回以上の試験飛行を行った。1923年末にウーミシェンのヘリコプター2号は，数分間の滞空飛行を記録した。1924年4月14日には，FAI公認となる最初の飛行距離記録360mを打ち立て，4月17日には525mの新記録をつくった。

1922年12月18日に，オハイオ州デイトンのクック・フィールドに着陸するため降下するデ・ボセザートの"フライングX"ヘリコプター。機械はそれなりの能力があったものの，あまりにも複雑すぎて陸軍は興味を失った。

十字形フレーム

ペスカラとウーミシェンがヨーロッパで初期の研究を行っていた頃，アメリカではヘリコプター開発の基礎が確立されようとしていた。その先駆者がロシアのチモールから逃れてきたジョージ・デ・ボセザート教授で，1921年にアメリカ陸軍航空隊の試験用にヘリコプターを製作した。この機体は，鋼管を十字に組み合わせたフレーム構造から「フライングX」と名付けられた。134kWのル・レーエンジンが，扇形のブレードを6枚持つXの両端に付けられたローターを駆動させた。機体はボセザート自身の操縦で1922年12月18日に初飛行し，1.8mまで上昇して風下に152m流された。

「フライングX」のテストは，2年ほど前から継続して行われ，その後164kWのエンジンを搭載した。全部で100回以上のテスト飛行が行われ，最高9mの高さまで達した。当時としては十分な性能を持ち，アメリカ陸軍のパイロットによる試験飛行も行われたが，最終的には陸軍が「複雑すぎる」と判断して放棄されてしまった。

1920年代のヘリコプターの設計は，ほぼすべてが不必要に複雑なものになっていた。サイクリック・ピッチ（ローターが回転している最中にブレードのピッチを変える機構）とコレクティブ・ピッチ（すべてのローター・ブレードの迎え角を同時に変更する機構）という，技術的に優れたものが必要だったが，設計者たちは不十分なままローター駆動の実験に固執したため，最大の効果を得ることができなかった。

1930年代なると，設計者たちは，トルク，安定性，操作性といった旧来の問題を解決し始め，ヘリコプターの開発が本格的に進展し始めた。

1936年6月26日，ドイツの空に1機のヘリコプターが飛び立った。Fw61と命名されたこのヘリコプターは，その後数カ月の間に，世界中のヘリコプター設計者の注目すべき成果を凌駕するほどの性能を発揮し，大きな話題となった。このヘリコプターを設計したのは，ハインリヒ・カール・ヨハン・フォッケ博士であり，彼の名はフォッケウルフ航空宇宙産業に引き継がれた。1934年には模型のヘリコプターを製作

し，飛行に成功している。

金属製アウトリガー（外向け支柱）

フォッケはFw61（この機種には“Fw”の記号が用いられ，ほかのフォッケ・アハゲリスの航空機のような“Fa”が使われることはなかった）に，フォッケウルフFw44シュティーグリッツ基本練習機の胴体を活用することとし，尾翼は垂直尾翼の上に水平尾翼を置く形に設計変更した。エンジンはそのままSh14.A星形として，機種の形状も通常の航空機と同様にした。プロペラは直径を減らして，前進飛行中の空気だけでエンジンのシリンダーをより冷却できるようにした。また，エンジンは金属製のアウトリガー（外向け支柱）に取り付けた3枚ブレードのローターも駆動させた。このブレードはコレクティブ・ピッチを変化させることで左右の発生揚力に差を生み，パイロットは良好にロール操縦ができた。

試作初号機のFw61V-1（VはVersuch＝「試作」を示す）による最初の3回の飛行は，わずか28秒に終わったが，このヘリコプターが真の能力を発揮し始めるまでには時間はかからなかった。広範な飛行試験ののち，1937年と1938年に，次々とFAIヘリコプター記録を樹立し，すぐに真価を発揮した。その一つが，有名な女性飛行家ハンナ・ライチュが1937年10月25日に直線コースで108.974kmを記録した飛行だ。ハンナ・ライチュはFw61で人々の想像力をかきたてた。そして1938年2月に，ベルリンのドイッチュラントハレ屋内競技場で観衆を前に屋内飛行させ，その優れた操縦性を証明した。

Fw61は2機の試作機がつくられ，ともに性能面では成功を収めた。その結果，6人乗りの輸送ヘリコプターFa266の開発契約が与えられた。しかし第二次世界大戦の勃発に

フォッケ・アハゲリスFw61のローターは，ヘリコプターの胴体両舷から延ばしたアウトリガーにあって，ブレードの角度を増減できる完全関節式３枚ブレードのアッセンブリーを取り付けていた。

G-AAKYの民間登録記号を付けたシエルバC.19オートジャイロ。C.19はシエルバの最も成功を収めた設計の一つで，ドイツのフォッケ，イギリスのアブロでも製造された。自動始動装置を最初に備えた機種である。

より，フォッケはこの計画を棚上げにして，ドイツ軍向けの大型輸送ヘリコプターの開発に専念した。

一方で，回転翼の設計に別のタイプが出現した。「オートジャイロ」と呼ばれるこの航空機はファン・デ・ラ・シエルバが考案したもので，ローターを自由回転させて機体を持ち上げるのに十分な揚力を発生させ，飛行を持続させるというものだ。エンジンは通常のプロペラを駆動させて機体を前進させ，それによりローターを回転させて揚力を得る。また，エンジンが故障したときには，ローターは風車状態になり，機首下げを行わなくても次第に高度を下げて，垂直に近い状態で着陸できた。

交通整理

いくつかの試作機を製造すると，シエルバは困難を乗り越えて，公式飛行試験の権利を取得した。彼のデザインしたオートジャイロは非常に人気があり，1930年代には世界中で約500機が製造された。また，シエルバはイギリスに会社をつくり，フランス，ドイツ，日本，アメリカの企業にオートジャイロを製造するライセンスを与えている。各機種の中でもC.30Aが最も優れ，多くのケースで素晴らしい汎用性を発揮した。たとえば，警察でも多用され，スポーツ・イベントに際して人混みや道路の交通整理に使われた。

1930年代末には，ドイツもヘリコプターとオートジャイロが持つ潜在性に気付いていた。1938年にドイツ海軍は偵察任務に小型ヘリコプターを使用することに関心を抱き，艦隊の防衛だけでなく，機雷の敷設や魚雷攻撃の任務にも就かせるヘリコプターについての要求書を発出した。この要求に対して，ハインリヒ・フォッケは，民間向けのFa266を軍用目的に転用できる可能性を考えた。こうしてFa223がつくられ，約100時間以上の試験ののち，1940年8月3日に試作初号機のFa223V-1ドラヘ（竜）が初飛行した。小型の前作Fa61と同様に，鋼管製のアウトリガー・アームに3枚ブレードの

イギリス空軍で活躍したシエルバC.40オートジャイロ。オートジャイロはレーダーの計測など多くの作業に活用され，軍用ではロタと呼ばれていた。民間向けのC.30Aも感銘を与えた。

ローターを装着していた。胴体も溶接鋼管構造で，それを羽布で覆っていた。乗員は二人で，ガラス張りの完全密閉コクピット内に収まる。操縦席の後方は荷物区画になっており，その区画が空であれば4人を乗せることができた。区画の後方に731kWのBMW323空冷星形エンジンを置き，エンジン・クランクシャフトと摩擦クラッチを使ってつなぐ軸で二つのローターを回転させた。

1942年初頭にFa223の公式試験が行われ，ドイツ航空省はFa223を100機発注した。しかし連合軍の爆撃がヘリコプターの製造を妨害し，実際に完成したのはわずかに19機だけだった。

戦争中にドイツ海軍は，別の設計者，アントン・フレットナーに艦載用の観測ヘリコプターの契約を与えた。1937年のことである。フレットナーは二つのローターを交差反転させるという革新的なアイデアを使ったヘリコプターを設計した。フレットナーはFl265V-1試作機の製造を進め，1939年5月に初飛行させた。

試験の成功

Fl265V-1は試験飛行中に，一方のローターがもう一方に接触して破壊された。しかしその原因はすぐに解決され，試作2号機のFl265V-2がドイツ海軍に納入され，評価された。続いて4機の先行量産機が製作された。これらのヘリコプターは，バルト海や地中海で行われた試験で，各種艦艇に設置されたプラットフォームからの飛行に成功し，さまざまな天候下での運用が可能であることが確認された。また，Uボートの甲板からの離着艦も何度か行われた。

1940年前半に初期の運用試験が行われ，フレットナーは量産ペースを上げるよう指示された。しかし，フレットナーの二人乗り新型ヘリコ

ドイツ民間登録記号D-EKRAは，２機つくられたフォッケ・アハゲリスFa61の２号機。この２機は，1937年から第二次世界大戦が始まるまでの間，数々の記録を残した。

フォッケ・アハゲリスFa223ドラヘ

タイプ：輸送/救難/偵察ヘリコプター
推進装置：746kWのBMW301R ９気筒単列星形エンジン１基
最大速度：175km/h
巡航速度：120km/h
航続距離：700km（増槽使用）
実用上昇限度：2,010m
空虚重量：3,175kg；最大離陸重量：4,310kg
武装：7.92mmのMG15機関銃１丁と250kg爆弾２発
寸法：主ローター直径24.5m
胴体長12.25m
全高4.35m
回転円盤面積226.19m^2

輸送ヘリのパイオニア フォッケ・アハゲリスFa223ドラヘ

フォッケ・アハゲリスFa223ドラヘ（竜）は，元々はドイツ・ルフトハンザ向けの世界初の輸送用ヘリコプターとして設計されたが，軍用機へと発展していった。

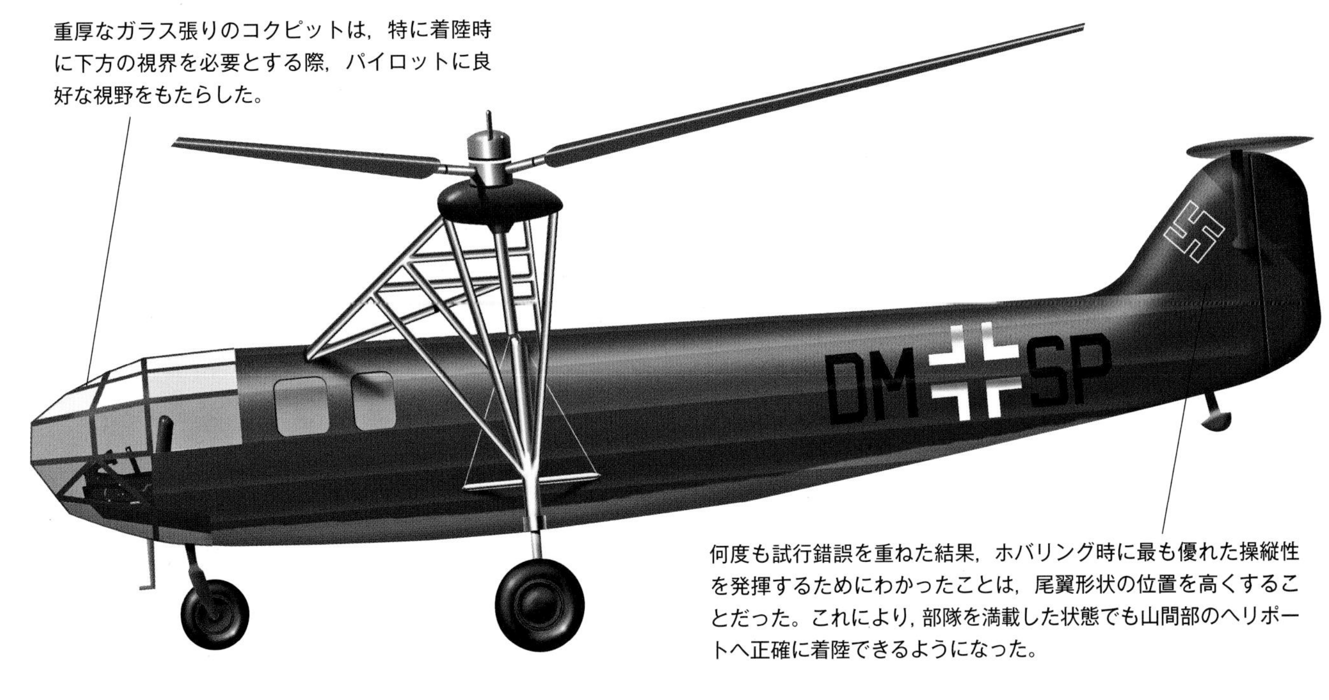

重厚なガラス張りのコクピットは，特に着陸時に下方の視界を必要とする際，パイロットに良好な視野をもたらした。

何度も試行錯誤を重ねた結果，ホバリング時に最も優れた操縦性を発揮するためにわかったことは，尾翼形状の位置を高くすることだった。これにより，部隊を満載した状態でも山間部のヘリポートへ正確に着陸できるようになった。

プターFl282の開発が進んでおり，Fl265よりもこの機体の可能性が大きかったため，Fl265の開発は中止された。

Fl282コリブリ(ハチドリ)もFl265と同様の交差式双ローター機で，パイロット後方の胴体内に搭載した112kWのSh14Aエンジンを動力とした。Fl282のコクピットは開放型だったが，後方胴体は金属パネルで覆われていた。1940年夏，フレットナーのヨハニスタール工場で，ドイツ航空省の発注に応じて45機のFl282が製造された。

飛行試験は1941年初めに開始され，翌年には試作5号機が，バルト海で巡洋艦の砲塔に設けられたプラットフォームで一連の試験を受けた。15機の先行量産機のうち完成したのは少数で，その一部はドイツ海軍の軍艦に搭載され，地中海やエーゲ海で船団護衛任務に就いた。このヘリコプターは風雪を含めたあらゆる天候でも飛行可能で，その運用性は高かった。実際にFl282は95時間の飛行中に一度も定期整備を受けないで飛び続けたことが記録されている。

コリブリの試験と実運用は満足のいく成果を上げ，1944年春にドイツ航空省はFl282を1,000機発注し，ミュンヘンとアイゼナハのBMW工場も総動員することになった。しかし，生産準備が整ったところで連合軍の爆撃を受け，ヨハニスタール工場もがれきと化した。第二次世界大戦終戦までに完成して引き渡されたFl282は，わずかに24機だった。

歴史的な出来事

1939年9月14日，ヨーロッパでの戦争が勃発した数日後に，アメリカのコネチカット州ストラトフォードの製造所に，一握りの技術者が集まり，小さなヘリコプターが浮かび

1941年に開始された初期の試験に3機のFl282試作機が用いられ，それらは単座で，プレキシグラスを張った密閉式コクピットになっていた。しかし，その後の機体は開放型コクピットの複座機となった。

戦いに向かったハチドリ
フレットナーFl282コリブリ

Fl282は1942年から広範な運用試験が行われて，護衛艦の砲塔から飛行した。バルト海，地中海，エーゲ海で船団護衛を行った。

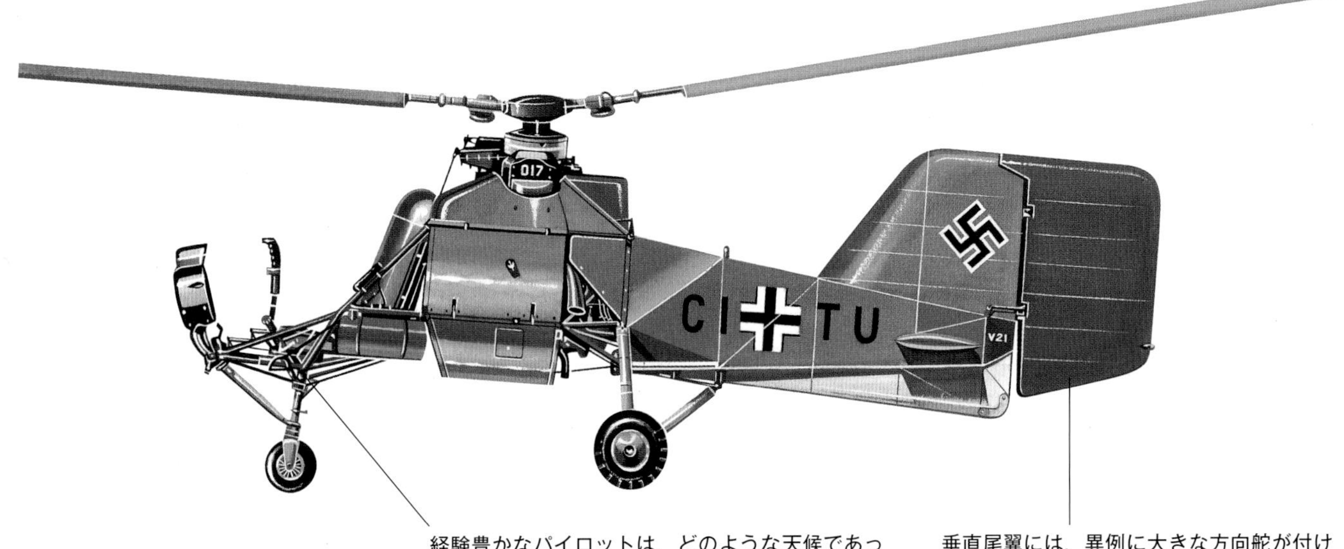

経験豊かなパイロットは，どのような天候であっても艦艇からコリブリを飛行させることができた。バルト海で行われた，コクピットの前方が完全に開いた状態での試験は，極めて過酷だった。

垂直尾翼には，異例に大きな方向舵が付けられていた。後部胴体は乱気流に打ち勝つには十分ではなく，大きな方向舵は効果を発揮していなかった。

上がるのを見つめていた。ヘリコプターは地面を離れると数秒間停止したのち，再び地面に降りた。これが，西半球において実用的ヘリコプターが空中に浮かび上がった最初の歴史的な出来事として記録された。アメリカのシコルスキーVS-300が初の係留飛行を行ったとき，西欧諸国ではドイツのフレットナーFl265などがすでに飛行に成功していたため，この主張がどれほど有効であったかは，今でも議論の的となっている。しかし，確実にいえるのは，単一の主ローターとトルク効果を押さえる小さなテールローターを備えた，この小さなVS-300は，その後，アメリカの巨大産業で生産される多くのヘリコプターの設計基盤を築いたということであり，この点において今日，世界中で飛行している多くのヘリコプターの起源である。

フレットナーFl282コリブリ

タイプ：単座あるいは複座の偵察および輸送ヘリコプター
推進装置：119kWのブラモSh14 7気筒星形ピストン・エンジン１基
最大速度：150km/h（海面高度）
垂直上昇率：91.5m/min（搭載重量時）
航続距離：300km（パイロットのみ）
実用上昇限度：3,292m
空虚重量：760kg；最大離陸重量：1,000kg
寸法：主ローター直径11.9m
胴体長6.56m
全高2.20m
主ローター回転円盤面積224.69m^2

フレットナーFl282コリブリ（ハチドリ）は，この写真が示すように極めて基本的な設計機だった。1,000機も発注されたが，連合軍の空襲により，それだけの生産は実現しなかった。

VS-300はイゴール・シコルスキーが30年ぶりに設計したヘリコプターである。彼はロシアで学生だった1909年から1910年にかけて，最初の回転翼機2種を設計している。どちらも失敗作で，その後，彼の関心は通常の航空機に向かい，第一次世界大戦が勃発する前に，世界初の4発機を設計している。しかし，ロシア革命の渦中に巻き込まれてしまい，シコルスキーは無一文の移住者となってアメリカに渡った。そして，毅然として航空技術者としての道を再び歩むことにしたのである。かつての同僚であるロシア移民の航空技術者を集め，シコルスキーは会社を設立。大戦間に，一連の多発陸上機や水上機，飛行艇を製造して大きな成功を収めた。1929年にシコルスキー・アビエーション社はユナイテッド・エアクラフトの子会社になり，市営空港の向かいに設けたストラトフォードの新工場から各種の傑出した長距離民間機を生み出した。

しかし，シコルスキーの心の中には，常にヘリコプターがあった。1928年には早くも垂直飛行の可能性について新たな研究を始め，いくつかの予備設計で特許を取得した。そして1938年，ついにユナイテッド・エアクラフトの経営陣から試作ヘリコプターの製造認可を得た。

こうしてVS-300が1939年春に設計され，最初は試験用の索具に係留し，9月にはシコルスキー自身が操縦した。搭載した56kWの空冷4気筒エンジンで，直径8.5mの3枚ブレードの主ローターを駆動し，三輪車の足回りを備えていた。

滞空記録

VS-300は1940年5月13日に最初の自由飛行を行った。いくつかの技術的な困難は抱えていたが，開発作業は大きく進展し，1941年5月6日には1時間32分26.1秒も飛行し，Fw61が保有していたヘリコプターの滞空世界記録を更新した。

VS-300の可能性に期待したアメリカ陸軍航空隊は，XR-4の名称で，試験開発機の製造契約をシコルスキー・エアクラフトに与えた。続いて，アメリカ陸軍航空軍（アメリカ陸軍航空隊から改称）は，3機のYR-4Aを1942年秋に発注，翌年には先行量産型YR-4B 27機を発注し，一定数の生産に入ることになった。YR-4Bはアメリカ陸軍航空軍，アメリカ海軍，アメリカ沿岸警備隊，イギリス空軍により評価作業が行われた。

アメリカ陸軍航空軍のYR-4Bは，4機が第1航空コマンドー群に配属され，インドの前進基地で活動した。中国・ビルマ（現ミャンマー）・インド戦域における最初のヘリコプター運用は1944年4月，L-1軽航空機がエンジン故障により，敵の後方に緊急着陸したときに行われた。このL-1にはパイロットのほかにイギリス軍兵士3人が乗っており，一人はマラリアに罹患し，二人は腕と肩を銃弾で負傷していた。全員生存していたが，日本軍が密集している地域にいたため，救助機の着陸場所が確保できなかった。

2機目の軽航空機のパイロットが取り残された乗員に，その場所から一番近い日本軍の位置情報を記したメッセージを投下し，近くの尾根に移動するよう助言した。数時間かけて目的地に到着した小隊は，4昼夜をそこで過ごした。食料や水は航空コマンドー群の軽航空機が投下したが，負傷者の状態は徐々に深刻なものになっていった。この間に，ラルガットに配置されていたヘリコプター分遣隊に情報が逐一もたらされ，4月21日にカーター・ハーマン中尉が操縦する1機のYR-4Bが離陸し，長距離飛行でビルマの前線地帯に向かった。ヘリコプターはハイラカンディ，フムビルグラム，ディマプールを経由し，夕暮れになる少し前にジョルハートに到着した。翌日にハーマンはレドトタロに向けて飛行した。そして“アバディーン”と名付けられた飛行場に向かったが，この最後の区間が最も長い飛行区間になったため，増槽を使用した。アバディーンまで高い山脈地帯越えになったが，YR-4Bは4月23日の

1941年5月にシコルスキーのVS-300ヘリコプターは，1時間半以上滞空して，Fw61が持っていた滞空時間の世界記録を塗り替えた。

回転翼の戦士
シコルスキー R-4

VS-301Aとも呼ばれるシコルスキー R-4は，イゴール・シコルスキーが戦前に開発したVS-300の決定版発展型である。1944年に世界で初めて量産化したヘリコプターとなった。

VS-300と同様にR-4も，太い鋼管によるフレーム構造だったが，胴体の最後端は羽布張りになっていた

胴体の上面は羽布張りで，先細りの非常に長い尾部に尾輪を付けたのは，地上でのR-4の姿勢を水平に保つためであった。

シコルスキー R-4B

タイプ：試作訓練および捜索・救難ヘリコプター
推進装置：138kWのワーナーR-550-3スーパー・スキャラブ・ピストン・エンジン1基
最大速度：120km/h
航続時間：2時間
初期上昇率：2,440mまで45分
航続距離：209km
実用上昇限度：2,440m
空虚重量：913kg；搭載時重量：1,153kg
乗員：パイロット2名，並列複座
寸法：主ローター直径11.6m
胴体長14.65m
全高3.78m
主ローター回転円盤面積105.3m^2

午後に無事到着した。

ハーマンは給油を終えると再び離陸し，アバディーンの南約32kmにある別の飛行場に急いで向かった。取り残された4人は8km離れた水田の近くに隠れていたが，救援が来ることを知って尾根から降りてきた。軽飛行機が上空を旋回して海岸の様子を確認し，ハーマンに出発の合図を送ると，ハーマンは2回にわたって水田に向かい，そのたびに兵士を一人ずつ連れ出した。彼らは小さな滑走路で軽飛行機に乗り換え，アバディーンまで飛んでいった。この日はエンジンの過熱でヘリコプターが使えなくなったため，それ以上の救助は行われなかった。しかし，翌朝の涼しいうちに，ハーマンは水田まで2回の飛行で，残った人たちを拾った。同じ日の4月24日，YR-4Bはアバディーンに戻り，それからの10日間，ハーマンはさらに四つの任務を遂行した。そのうちの一つは，標高915mの山腹にある空き地から二人の負傷兵を救出するという危険な任務だった。これが，そののちにヘリコプターが活躍する場面の先取りだった。

その後の20年間は，軍用，商用ともにヘリコプターの開発が大きく進むことになる。朝鮮半島やマレーでは軍事作戦の有効な手段として，ベトナムやその後の紛争では必要不可欠なものとなったのである。

1945年1月，ビルマにある第10航空軍の基地から土ぼこりを舞い上げて離陸するシコルスキー R-4。

The Lindbergh Line
TWA

第10章
民間航空（1945年～1960年）

第二次世界大戦後の民間航空輸送は，特にヨーロッパでは混沌としていたというのが最適の表現だろう。6年前から各社の工場は軍用機を大量に製造し，イギリスの輸送機はほとんどがアメリカからの供給品だった。ソ連（旧ソビエト連邦）にしても戦争中の主力輸送機は，ダグラスDC-3のライセンス生産であるリスノフLi-2だった。戦時中，唯一アメリカだけが輸送機の製造を継続しており，その大量生産によって自国と連合軍の航空輸送の需要をまかなっていたのである。

ヨーロッパの民間航空運航者は，戦後まもない時期の輸送需要を埋められる機種を見つけなければならなかった。旧ドイツ空軍のユンカースJu52/3mは，終戦後，相当な数が戦利品となり，フランスでは400機，スペインでも170機が完備されていた。戦後の数年間，Ju52はフランス，スペイン，ノルウェー，スウェーデン，デンマークで使用され，10機がショート・ブラザーズによりブリティッシュ・ヨーロピアン航空向けに改造された。ブリティッシュ・オーバーシーズ航空（BOAC）は，有名なランカスター爆撃機から派生したアブロ・ヨークを運航していた。イギリスの商業航空の健全な発展に大きく貢献したランカストリアンは，ランカスターをより直接的に輸送用に改良したもので，ハリファックスC.Ⅷを旅客用に改良したBOACを始めとする数社が運用していた。

◀第二次世界大戦後，余剰となった多くのダグラスC-47がDC-3として民間機に転用され，TWA（写真）を含めた多数の航空会社で運航された。

▼カーチスC-46コマンドーは，第二次世界大戦中に太平洋戦域で多用された。その多くが民間市場に活路を見出した。

民間の進化

第二次世界大戦の終結からの数カ月間で，連合軍の航空活動は著しく低下し，何千機もの大量の輸送機が戦時余剰品となって航空会社に売却された。中でも数が多かったのはダグラスC-47で，その民間型はDC-3，イギリス空軍ではダコタの名称で知られた。これらの機体は激安価格で売却され，再整備が行われて世界中の多くの中小航空会社や航空貨物輸送会社でも使われた。もう一つの機種がC-46。賞賛されたC-47の陰に隠れがちなカーチスC-46コマンドーは，アメリカ陸軍航空軍を代表する主力機で，特に太平洋戦域で多用された。元々は民間旅客機として設計され，1940年3月26日に初飛行した。この機種は，まず25機のC-46旅客輸送型がつくられ，続いて大型の貨物扉1枚を備えたC-46Aが1,491機，扉を2枚にして機首形状を少し変えたC-46Dが1,410機，貨物扉1枚型のC-46Eが17機，二重

第二次世界大戦終戦時にダグラス・エアクラフト社は，長距離航空輸送市場で主要なライバルから深刻な後れを取っていると考えた。その解決策は軍用輸送機C-54を民間旅客機DC-4にすることで，これが見事に当たった。

扉のC-47Fが234機もつくられた。これらは基本的には同じ機体だが，エンジンだけ変えられた。さらに160機がアメリカ海兵隊向けのR5C-1として完成している。

C-46は太平洋，中国，インド，ビルマ（現ミャンマー）戦域で傑出した活躍を見せたが，1945年3月にラインの空挺強襲に参加するまで，ヨーロッパに姿を見せたことはなかった。戦後は，その多くがアメリカ国内あるいは中南米の民間会社に譲渡され，運航した。

戦後になり，もはや飛行艇の時代ではなくなり，長距離路線でのアメリカの圧倒的なリードは誰の目にも明らかだった。航空会社はダグラスDC-4のアドバンテージを手に入れ始めたのである。最も有名な民間旅客機，および軍用輸送機へと進化したDC-4は，1935年にアメリカの航空会社が出した52席クラスの中距離旅客機という要求に応じて開発された。

最初のDC-4は3枚の垂直尾翼を特徴として，1938年6月7日に初飛行したが，収容力をより少なくした方が，経済効率が一層高まるとの理由から，航空会社に拒否された。

1942年2月14日に改良を加えたDC-4が初飛行し，アメリカの航空会社から61機の注文を得たが，アメリカが戦争に関わることになったことで，製造される輸送機のすべては軍の求めに充てられることになった。

DC-4が民間旅客機として最初に使用されたのは，1945年10月になってからだった。1947年8月に生産を終えるまで，1,084機のC-54スカイマスターと79機の民間型DC-4がつくられた。余剰になったC-54の多くは，戦後の数年間に民間が購入し，旅客機などに転用された。

イギリスは商業用4発機の設計に恵まれていなかった。最初の長距離機はアブロ・チュダーで，リンカーン爆撃機の民間派生型だった。長距離型試作機チュダーⅠが2機，1944年9月に発注され，続いて収容力を増加した短距離型チュダー2も1機が試作された。発注したのは，この

アブロ・チュダーは，長距離および短距離の航空輸送市場でシェアを獲得しようとするイギリスの初期の試みであった。しかし，この航空機は成功せず，わずか数機しか実用化されなかった。

世界を股にかけたコンステレーション ロッキードL-1049Gスーパーコンステレーション

ロッキードL-1049Gは，1954年12月12日に初飛行し，ノースウエスト航空で1955年春に就航した。初期のスーパーコンステレーションものちにスーパーG仕様へ改修されている。

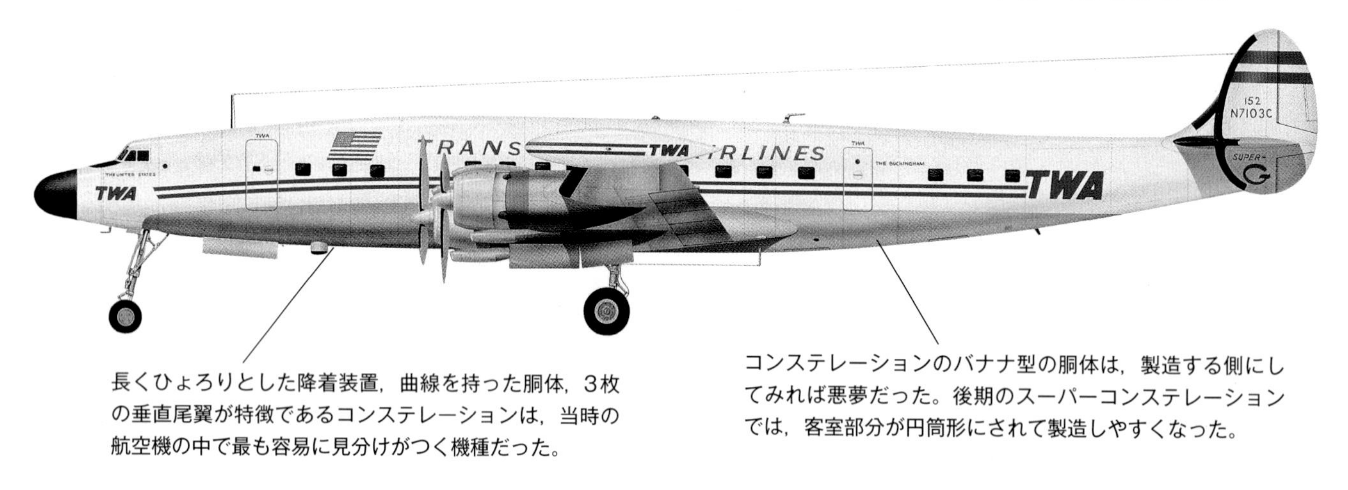

長くひょろりとした降着装置，曲線を持った胴体，3枚の垂直尾翼が特徴であるコンステレーションは，当時の航空機の中で最も容易に見分けがつく機種だった。

コンステレーションのバナナ型の胴体は，製造する側にしてみれば悪夢だった。後期のスーパーコンステレーションでは，客室部分が円筒形にされて製造しやすくなった。

ロッキードL-1049Eスーパーコンステレーション

タイプ：長距離民間輸送機
推進装置：2,435kWのライトR-3350-972 TC18DA-1Rターボコンパウンド星形ピストン・エンジン4基
最大巡航速度：590km/h（高度5,670m）
航続距離：7,950km
実用上昇限度：7,225m
空虚重量：34,665kg；搭載時重量：60,328kg
機内仕様：飛行乗員：3名，客室乗務員2～4名，乗客：各種の客席配置で95～109名
寸法：全幅37.49m
全長34.54m
全高7.54m
主翼面積153.29m²

新型機の運航を計画していたBOAC，カンタス，南アフリカ航空の3社である。

1945年6月にチュダーⅠの飛行試験が始まった。しかし操縦が難しく，性能も期待外れだった。その結果，改修が行われたが，計画に遅れが生じ，メーカーにとっては悪いことに，航空会社が要求を変え続けた。結局のところBOACは，チュダーが適していないとして発注をキャンセルした。12機のチュダーはブリティッシュ・サウスアメリカン航空が中南米路線で使用した。チュダー2は1946年3月に初飛行したが，ほとんど成功は収められず，BOAC向けにチュダー5として6機がつくられただけに終わり，すぐに5機がブリティッシュ・サウスアメリカン航空に売却され，貨物機に改造されている。

その頃，イギリスのもう一つの新型4発旅客機だったのが，ハンドレページ・ハーミーズで，イギリス空軍のヘイスティングス輸送機の民間型である。ハーミーズの試作機は1945年12月2日の初飛行時に墜落してしまったが，さらに2機の試作

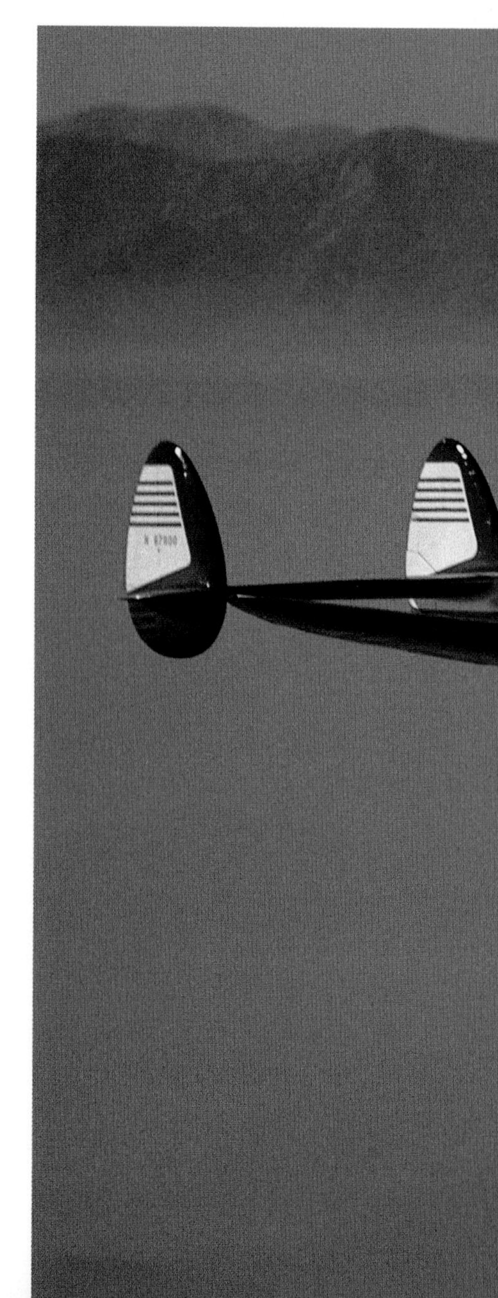

機がつくられ，続いて25機のハーミーズ4がBOACに引き渡された。

最後の世代

アメリカのピストン・エンジン長距離旅客機界における最終世代機が就役したときに，それに対抗できる機種はどこにもなかった。その旅客機の始まりは，ロッキードのコンステレーションだった。1939年にTWA向けの民間旅客機として設計されたコンステレーションは，アメリカが第二次世界大戦に参戦すると軍用機計画に変更され，1943年1月9日に軍用機の名称C-69が付けられ初飛行した。

戦争が終わるまでに引き渡されたのはわずかに20機で，戦後は民間旅客機として製造が再開された。

民間向け専用につくられた最初のコンステレーションのタイプはモデル649で，1947年5月に就航し，搭載・収容力が強化された。翌年にはモデル749が誕生し，全備重量を引き上げるとともに燃料の容量を増やし，海外運航を可能にした。そのサブタイプで，構造を強化しペイロードを2,200kg増加したのがモデル749Aである。これらのタイプはアメリカの大手航空会社から多くの注文を受け，中でもパンアメリカンとTWAが最も多くの機体を納入し，国内線と国際線の双方で成功を収めた。

コンステレーションの発展は10年にわたり，L-1049Gスーパーコンステレーションに結実した。1954年12月に初飛行したロッキードL-1049Gスーパーコンステレー

1954年12月に初飛行したロッキードL-1049Gスーパーコンステレーションは，世界最高峰の旅客機だった。構造設計の変更により，スーパーコンステレーションは主翼端に増槽を装着できた。

1953年5月18日に初飛行したダグラスDC-7Cの試作機。アメリカン航空がロッキード・スーパーコンステレーションに対抗できる旅客機を要求して開発された。

民間飛行艇時代の終わりを予感させたのは，サンダース・ロー・プリンセス飛行艇計画の中止だった。この巨大な航空機は３機製造されたが，飛行したのは１機のみであった。

ションは，当時最も素晴らしい旅客機だった。構造を変更したことで主翼端に増槽を装着できるようになり，それによる燃料の増加とターボコンパウンド・エンジンの組み合わせで，どのコンステレーションよりも長い航続力を得た。主要な運航者の一つが99機を使用したTWAで，戦前からのコンステレーションのオリジナル顧客である。この機種によりTWAは，大西洋で長距離運航の開拓者となり，豪華なアンバサダークラス客室や，空港に特別なプライベートスイートが用意され，旅客から好評を博した。L-1049Gは航空会社による空の旅の快適性に新たな次元をもたらしたが，ターボコンパウンド・エンジンが発する機内騒音だけは別だった。

ダグラスではDC-4が安定的に発展し続け，まずDC-6がスタートした。第二次世界大戦終結時に，ダグラス・エアクラフト社は長距離航空輸送市場で主なライバルたちに大きく後れを取っていると認識していた。

戦時中にダグラスは1,000機を超えるC-54/DC-4を製造し，輸送機では最高機数を記録し，約8,000回の大西洋と太平洋横断飛行で3機しか失わないという安全性を証明した。しかし，ボーイングのモデル307ストラトライナーやロッキードのモデル749コンステレーションは，大きな貨物容積だけでなく，機内を与圧して，旅客の快適性を高めていた。そのためアメリカ陸軍航空軍は，ダグラスに資金を提供し，DC-4を大型化するだけでなく機内に与圧システムを装備した機種の開発を指示し，その試作機XC-112Aが1946年2月15日に初飛行した。それから発展した民間旅客機型が社内名称DC-6である。

各種のタイプ

DC-6は，その長い旅客機としての運用期間中に，いくつものタイプ

巨大なブリストル・ブラバゾン旅客機。ロンドン～ニューヨークの無着陸飛行を目指した。ここで使われた多くの技術はジェット時代の足がかりになった。

がつくられた。基本型がDC-6Aで，1951年2月2日にはDC-6Bが初飛行した。DC-6Bは旅客輸送専用型で客室窓をつけ，構造は軽量化されていた。このため貨物扉はなかった。このタイプが主要生産型となり，1951年から1958年にかけて288機が引き渡された。のちに，胴体下に大型のタンクを取り付け，森林火災の消火型に改造されたものもある。窓があり可動式の隔壁を設置することで，旅客と貨物の混合運航に転換できるのがDC-6Cである。DC-6FはDC-6Bをあとから貨物機に改造した際に付けられた名称で，客室に窓がないものが多い。

DC-6の直接の後継機が，1953年5月18日に初飛行したDC-7である。DC-7はアメリカン航空が，ライバルのTWAが発注したロッキード・スーパーコンステレーションに対抗できる機種を要求した結果，誕生した。まず，ライトのターボコンパウンド・エンジンを装備したDC-7が110機つくられた。このタイプはDC-6の機体フレームの特徴を多く残していた。続いて112機のDC-7B（1954年10月に試作機が飛行）がつくられ，大西洋横断路線に用いられた。この2種類のDC-7にはいくつかの欠点があった。一つは客室内のエンジン騒音だった。それを改善したのがDC-7Cで，その試作機は1955年12月に初飛行している。このDC-7の最終型では，主翼構造が変更され，燃料の収容量が増やされて胴体も延長された。

失敗に終わったもう一つの計画を記しておく。1947年11月2日当時までにつくられた中で最大の航空機，ヒューズH-4飛行艇がこの日，初飛行した。しかし，これが最初で最後の飛行となった。ロサンゼルスから約1.6km飛行し，飛行高度は10mだった。元々この飛行艇は，戦闘地域に大量の兵士と補給物資を送り込むことを目的としていたが，戦いが終わるとその存在意義を失い，今は博物館の展示物になっている。

戦争中に，イギリスは民間飛行艇の開発を続けていた。その中にはBOACによる，乗客200人乗りの巨大機，サンダース・ロー SR.45プリンセスがあった。大陸間飛行能力を持つ飛行艇として設計された巨大機で，サンダース・ローは1946年5月に要求仕様書と，3機のSR.45試作機の発注をBOACから得た。しかし，製造計画は難航し，予定よりも遅れた。その後，1951年にBOACはこの機種から手を引き，以降は陸上機のみを使用すると発表している。こうして1機だけつくられたプリンセスは1952年に初飛行し，3機はワイト島のカウズで保管され，スクラップになるのを待った。

白い巨象

もう一つの白い巨象がブリストル・ブラバゾンである。イギリスの航空産業界において最大規模，かつ最も野心的な計画だった。1943年に設計されたこの機種は，元々のアイデアが乗客100人を乗せてロンドンからニューヨークにノンストップで飛行するというものだった。ブラバゾン1試作機は，計画よりも2年遅れて1949年9月4日に初飛行し，続いてMk.2がつくられる計画だったが，1952年に中止され，1機だけ製造された試作機もスクラップとなった。

この間に，民間航空界における類を見ない挑戦が行われた。その始まりは，1948年。2基のロールスロイスのニーン・ターボジェット・エンジンをヴィッカース・バイキングに搭載したもので，これが世界最初のジェット・エンジンを搭載した旅客機となった。ヴィッカースの主任テストパイロットの“マット”・サマーズの操縦により7月19日に初飛行し，ロンドンからパリまでを34分7秒で飛行した。平均速度は560km/hだった。また，この日はルイ・ブレリオが 海峡横断を行った39周年でもあった。

それから2年後の1949年7月27日に，デ・ハビランドの主任テストパ

ヴィッカースのニーン・バイキングは，世界最初のジェット動力旅客機となり，ブレリオの海峡横断から39年目の記念日にロンドンからパリに飛行し，ジェット旅客機による飛行の概念を実証した。

コメットMk. Iのデ・ハビランド・ゴースト・エンジンを整備する技術者たち。コメットⅠはいくぶん推力不足で，高温で高地の環境では離陸性能の低下を招いた。

イロットのジョン・カニンガムが，世界初のジェット旅客機，デ・ハビランド・コメットの試作機を同社のハットフィールド飛行場から初飛行させた。デ・ハビランドのゴースト・ターボジェット・エンジン4基を2機一組にして主翼に埋め込んだコメットは，3年間の飛行試験ののち，1952年5月，BOACによりロンドンからヨハネスブルクへ，世界で初めてジェット旅客機による旅客輸送を開始した。

コメットは優良な常連客に，前代未聞の快適さを提供した。乗客36人を乗せて，高度12,190mをほぼ静寂に飛行し，その速度はそれまでのピストン・エンジン機よりも2倍も高速だった。コメットは就航初年度に30,000人の旅客を運び，BOACとほかの航空会社は50機を発注した。しかし，好事魔多しである。1952年10月26日にBOACのコメット1（G-ALYZ）が，乗客35人を乗せてローマのチアンピノ空港を離陸する際に墜落した。幸い，死者はなかった。原因は離陸時に，過度な機首上げになったことに，機長が気付かなかったことにあった。

死亡事故

コメットによる最初の死亡事故は，1953年3月3日に起きた。事故機はコメット1A（CF-CUN）で，

カナディアン・パシフィック航空への引き渡し飛行のため，カラチ経由でシドニーに向かう際，カラチ空港を離陸したときに翼が橋に衝突し，墜落，炎上して乗っていた11名全員が死亡した。

さらに悪いことが続いた。1953年5月2日にシンガポールからロンドンに向かっていたBOACのコメット1（G-ALYV）が，雷雨の中，カルカッタを離陸後に墜落し，乗客37人と乗員6人が死亡した。

さらに2件の事故が1954年1月と4月に続いて起きた。1件目の事故機はG-ALYPであり，イタリアのエルバ島沖で，2件目はG-ALYYがストロンボリ島沖で墜落。ともに生存者はなく，原因もわからなかった。このため，コメット全機に飛行停止措置が取られ，調査が行われた。1955年2月に引き上げられた事故機の残骸がイギリスに送られ，徹底的な調査が行われた。一方，その間にコメットの機体フレームを使った破壊検査が実施された。それらの結果

ヴィッカース・バイカウント810

タイプ：短/中距離輸送機
推進装置：1,566kWのロールスロイス・ダートRDa.7/1Mk525ターボプロップ4基
最大巡航速度：563km/h（高度6,100m）
航続距離：2,832km（燃料余裕なし）
実用上昇限度：7,620m
空虚重量：18,854kg；搭載時重量：32,884kg
機内仕様：パイロット二人と客室乗務員，各種の客席配置で65～74席，貨物仕様で最大11tの貨物
寸法：全幅28.56m
全長26.11m
全高8.15m
主翼面積89.46m^2

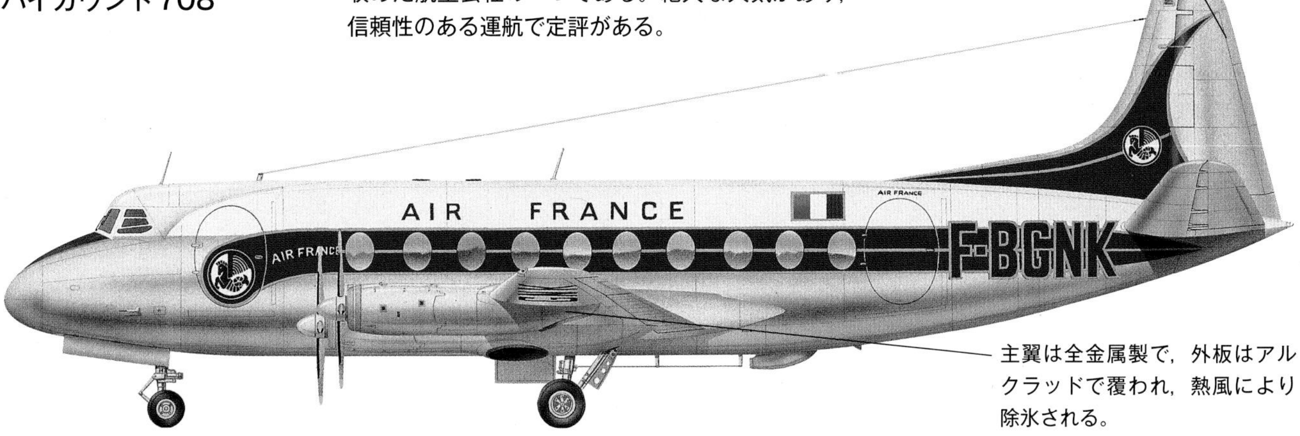

初のターボプロップ旅客機 ヴィッカース・バイカウント708

ヴィッカース・バイカウントの主要な顧客の一つであるエールフランスは，航空史上，最も成功を収めた航空会社の一つである。絶大な人気があり，信頼性のある運航で定評がある。

バイカウントの水平尾翼は非常にきつい15度の上反角が付けられており，先端が丸められた垂直尾翼とともに，外形上の大きな特徴になっている。

主翼は全金属製で，外板はアルクラッドで覆われ，熱風により除氷される。

SE.2010アルマニャック（写真は生産ライン）は，商業面では失敗作だったが，フランスの輸送機技術を進展させる重要な一歩をもたらした。

から，墜落は金属疲労によるものであることがわかった。数千回の上昇と降下の繰り返しで胴体にかかる減圧と加圧胴体の外板（重量軽減のため通常よりも薄かった）に負荷がかかり，長方形の窓の取り付け部にひび割れが生じ，それが爆発的な減圧を起こす引き金となって，壊滅的な構造破壊につながったと結論づけられた。

コメットの後期型は飛行に問題はなく，航空会社に大きな成功をもたらしたが，ジェット輸送機分野におけるイギリスのリードは失われた。しかし別の分野で，イギリスの航空

業界は確実に先頭を走っていたのは確かだ。それはプロペラ・タービン・ユニットで，一般的にはターボプロップとして知られるものだ。このタイプのエンジンは中高度で効果を発揮し，1944年にロールスロイスを中心に開発が始まった。

ターボプロップ・エンジンを最初に装備した航空機はグロスター・ミーティアMk.1で，ロールスロイスのトレント・エンジンを2基搭載し1945年9月20日に初飛行した。トレントはダーウェント・ターボジェット・エンジンを基本に，1段減速ギアを付けて大型の5枚ブレード・プロペラと駆動ユニットを回転させる。そこからロールスロイスは，世界最初のターボプロップ旅客機となるヴィッカースのバイカウント630試作機に選ばれるダート・ターボプロップの開発へと進んだ。

バイカウント630試作機は1948年7月16日に初飛行し，1950年7月29日にブリティッシュ・ヨーロピアン航空による1カ月の運航試験に入り，ロンドン～パリ，ロンドン～エジンバラの路線を飛行した。バイカウント・シリーズ700の製造が始まり，1953年4月に定期運航便が就航すると，これがバイカウントの成功物語の起点となり，1959年初めまでにアメリカとヨーロッパの航空会社を主体に445機が引き渡された。

実態機数

ターボプロップ旅客機が商業的に登場したからといって，初期のピストン・エンジン機が終焉を迎えたわけではない。ヴィッカース・バイキングはその代表的な例である。2基のブリストル・ハーキュリーズ星形エンジンを搭載したバイキングの試

2階建てのブレゲー763プロバンスは，エールフランスとフランス空軍で使用された。どちらも本国と植民地の間で，旅客や貨物輸送に使われた。

双発のIℓ-12輸送機を発展させたIℓ-14は，それまでの問題点を解消するための努力を惜しまなかった機体である。Iℓ-14は幅広く輸出された。

作機は，1945年6月22日に初飛行し，ブリティッシュ・ヨーロピアン航空の国内線とヨーロッパ域内線でかなりの数が運航された。信頼性も示したバイキングは，輸出されて総生産機数は163機となった。バイキングに続いて，同じくピストン・エンジンであるブリストル・センタウラスを搭載したエアスピード・アンバサダーも就航している。

航空機産業の復興を目指すフランスでは，まず戦前に設計されたものの，明らかな理由で棚上げされていた航空機が利用された。中でも最も広く使われたのが，1930年代にBloch 161として設計された4発機のSNCASE SE.161ラングドックで，まだ商用機として通用するものだった。合計100機が生産され，中には軍用機もあり，このタイプは1950年代に入っても現役で活躍した。

SNCASE SE.2010アルマニャックは，戦後に復活したもう一つのフランスの設計だが，成功を収めたとはいえない。4発の大西洋横断旅客機として設計された試作機は，1949

年4月2日に飛行した。しかし運航会社となる予定だったエールフランスは，アメリカ製機材の方が適していると判断したため（一つには運航コストが安いため），8機が製造されただけで，それらは軍用輸送機としての役割を果たしている。

この時期，フランスの4発機には，さらにブレゲー763プロバンスがあり，厚い二階建ての胴体を持つことから，“デュ・ポン（二つの橋）”という愛称が付けられた。試作機は1949年2月15日に飛行し，12機の生産機のうちの1機は，1953年3月にエールフランスの北アフリカへの定期便に就航した。その後，ブレゲーは軍用機ブレゲー765サハラを補完するために6機をフランス空軍に売却し，ほかの機体は貨物用に改造された。

ソ連は戦後まもない時期に，中距離輸送機の開発に集中し，アエロフロートの国内線およびポルトガルやハンガリー，チェコスロバキアといった近隣諸国の路線向け機種を設

ツポレフTu-114“クリート”

タイプ：長距離旅客機および輸送機
推進装置：11,033kWのクズネツォフNK-12MVターボプロップ・エンジン4基
最大速度：880km/h（高度7,100m）
巡航速度：770km/h
航続距離：6,200km
実用上昇限度：12,000m
空虚重量：88,200kg；搭載時重量：179,000kg
機内仕様：飛行乗員5人（パイロット二人，航空機関士，航法士，無線/レーダー操作員），標準で8人または9人の客室乗務員，標準で3区画の客室。最大220席
寸法：全幅51.10m
全長54.10m
全高13.31m
主翼面積311.10m^2

最強のターボプロップ機
ツポレフTu-114“クリート”

ツポレフTu-114は，当時世界最大のターボプロップ旅客機で，Tu-95“ベア”戦略爆撃機のコンポーネントを多数活用してつくられた。傑出した航空機ではなかったが1960年代にソ連の存在感を示す機種だった。

すべての操縦翼面は油圧で作動する革新的なもので，水平尾翼は，ツポレフが入手したB-29から派生させた取り付け角変更型になっている。

旧デ・ハビランド社を吸収したホーカー・シドレー社は，延長した胴体と大型のピニオン・タンクを持つ主翼を組み合わせたコメットMk.4Cを最後に，コメット4のプログラムを終了させた。コメット4Cは全タイプの中で最も成功を収めた。

計した。これらの航空機の中で最も成功したのはイリューシンIℓ-12で，三脚式の降着装置を持つ全金属製の双発機だった。1945年8月に初飛行し，1947年にアエロフロートで就航した。

決定的な試み

Iℓ-12の後継機がイリューシンIℓ-14で，この機種では決定的な（そして成功を収めた）試みが行われた。初期に起きた問題をすべて取り払い，全体的に改良を行ったのである。最初のタイプがIℓ-14Pで，標高の高い飛行場からでも単発で離陸でき，また無視界飛行用の装置も更新された。乗客は18人だったため経済面では厳しかったが，設計変更により，胴体を延長したIℓ-14Mは，24人乗りになった。Iℓ-14は大きな成功を収め，広く輸出されてチェコスロバキアと東ドイツでライセンス生産された。

西側はIℓ-14をほとんど，注目すべき機種として見ていなかったが，1956年3月22日にソ連政府の訪問団を乗せたジェット旅客機がロンドン・ヒースロー空港に到着したことで，ソ連の旅客機を見る目ががらりと変わった。その機種がツポレフTu-104である。1955年6月に初飛行し，この機種の実用化によって，1956年9月15日，ソ連はイギリスに次いで2番目のターボジェット機による定期旅客運送を行う国となった。最初の路線はモスクワ～イルクーツクであった。Tu-104は隙間式の主翼後縁フラップ，境界層フェンス，主脚のアンチスキッド型ブレーキなどいくつもの先進的な特徴があり，また制動用のパラシュートも装備していた。主翼，尾翼，降着装置はTu-16爆撃機のものを使用したが，胴体は新たに設計されて円形になり，与圧式の客室を備えた。初期型の客席数は50席だったが，のちに100席程度にしたものもあった。このTu-104はアエロフロートに加えて，チェコスロバキアの国営航空会社であるCSAなどで使用されている。

この時期，フランスの航空機産業は成功の道を歩んでいた。シュド・アビアシオンSE.210カラベルの開発がそれで，2基のエンジンを胴体後部に配置した最初の機種である。その後，この構成は中・短距離民間ジェット機で大流行することになった。カラベルの試作初号機は，プロジェクトの推進が承認されてからわずか2年後の1955年5月27日に初飛行した。フランス政府の多大な支援もあり，商業面でも販売機数を増やしていった。最初のタイプであるカラベルIはエールフランスのパリからローマ，イスタンブールといった路線の開設に使われた。そのほかのタイプも含めて，1970年代まで生産が続き，280機余りがつくられた。

最新の知見

イギリスでは，コメットが大幅に改良された形で再び空を飛んだ。デ・ハビランドはコメット1が一連の事故に見舞われる前から，コメット1の胴体延長型の研究に着手しており，これは1954年7月19日に，コメット3として飛行した。1954年末には，すべての事故の結果を受けて，会社は最新の知識をMk.4型に反映させた。

原型となったのは，ロールスロイスのエイボン523エンジンを強化し，さまざまな改良を加えたコメット3（G-ANLO）である。この機体は1957年2月に試験飛行を開始し，1958年4月にはBOAC向けに19機の量産型コメット4の初号機が納入された。コメット4は中東や中南米を中心とした運用者に好評を博した。

1958年10月4日，BOACコメット4型機が，ロンドン～ニューヨーク間を飛行する，初の有料大西洋横断ジェット便として就航した。その3週間後にはパンアメリカン航空が，世界中の航空会社に旋風を巻き起こすことになる航空機，ボーイング707を使用して，独自の大西洋横断ジェットサービスを開始した。

1950年代初めにボーイングは，B-47とB-52ジェット爆撃機の開発で大型ジェット機に関するさらなる知識を獲得した利点を生かし，世界的な勝利を収めたジェット旅客機，ボーイング707を設計した。

TG/370

第11章
速さを追い求めて

第二次世界大戦末期に開発された連合軍のジェット戦闘機の設計は，極めてオーソドックスなものだった。グロスター･ミーティアは，ターボジェット･エンジンを搭載していることを除けば，型破りなところはまったくなく，一つか二つの特異性を除けば，非常に優れた戦闘機だった。イギリス２番目のジェット戦闘機であるデ・ハビランド・バンパイアも従来の設計で，エンジンとコクピットを格納したナセル，前縁と後縁がわずかに細くなった非常に単純な翼，双尾翼，２枚の垂直尾翼というシンプルな構成だった。

ミーティアとバンパイア以外のイギリス空軍戦闘機コマンドと，ドイツ駐留の第2戦術航空軍の飛行隊が終戦直後に装備していた機種は，ブリストル・センタウラス星形ピストン・エンジンを装備するテンペストMk.Ⅱのようなものだった。テンペストMk.Ⅳやスピットファイアの後期型は，世界で最も高速のピストン・エンジン戦闘機だった。1942年には極東向けの長距離護衛戦闘機ホーネットが，デ・ハビランド自身の投機で開発されたが，戦争の終了とともにホーネットF.1は，ほとんど発注がキャンセルされたため，1946年にイギリス空軍に就役したのはわずか60機だけだった。これらに続いてイギリス空軍には132機のホーネットF.Mk.3が，第一線の4個防空飛行隊に配置されたが，1951年に退役となった。その後，多くは極東へ送られ，マレーで共産主義テロリストに対する対地攻撃任務に使用された。

ウエストランド・ウェルキン試作高高度迎撃機。超高空での戦闘を想定した双発の重戦闘機だったが，実用化はされなかった。

◀TG370はデ・ハビランド・バンパイアF.Mk.1の初期生産機である。バンパイアはイギリス空軍2番目のジェット戦闘機で，海外で多くの戦術的戦闘爆撃機部隊に装備された。

軍事資産としての戦闘機

イギリス空軍と同様に，アメリカ陸軍航空軍も第二次世界大戦後に装備した戦闘機は，P-51マスタングやP-47サンダーボルトといった，十分に実績のあるピストン・エンジン戦闘機の最新型が主体だった。アメリカ最初の完全な実用ジェット戦闘機であるロッキードP-80（のちにF-80）シューティングスターも，イギリスのジェット戦闘機と同じく非常に一般的な形をしていた。この機種は終戦後5年以内に戦闘爆撃飛行隊，戦闘迎撃飛行隊に配備され，アメリカ軍の主力戦闘機となった。

多くのNATO諸国が導入し，各国で初のジェット機となったのがリパブリックF-84サンダージェットである。リパブリック・アビエーションの設計チームは，1944年夏にP-47サンダーボルトの機体フレームに軸流ターボジェットを適用する研究を開始した。このアイデアは現実的ではないことが判明し，1944年11月にジェネラル・エレクトリックJ35エンジンを中心として，完全に新しい機体フレームを設計することになった。3機のXP-84試作機のうち初号機が1945年12月に完成し，1946年2月28日に初飛行した。これらの試作機に続いて15機のYP-84Aがアメリカ陸軍航空軍向けにつくられた。最初の量産型はP-84B（のちにF-84B）で，射出座席と6丁のM3 12.7mm機銃を装備した。P-84Bの引き渡しは1947年夏に始まり，外観はほぼ同様だが電気システムに改良を加えて爆弾投下機構を改善したP-84C（のちにF-84C）が191機つくられた。

続いて1948年11月に登場したF-84Dは，主翼を強化し，燃料システムを改良したモデルで，合計151機が生産された。P-84D（のちにF-84D），さらに1949年5月にはP-84E（のちにF-84E）が続いた。このタイプは6丁の機銃に加えて454kg爆弾2発か，298mmあるいは127mmロケット弾2発を携行できた。

1952年になると，このモデルは

F-84Gサンダージェットは核兵器を投下できる初の単座ジェット戦闘機だった。

Yak-15は導入された当時，世界で最も軽量なジェット戦闘機だった。主翼や尾輪式降着装置，胴体後部にはピストン・エンジンのYak-3Uのものを使用していた。

F-84Gにとって代わられ，F-84Gは空中給油装置を備えたサンダージェット最初の機体となった。P-84G（のちにF-84G）はアメリカ空軍初の戦術核搭載戦闘機でもある。1950年以降，アメリカでは核兵器の開発が大幅に進んでおり，F-84Gが搭載した装置（Mk7核爆弾）は，まだかさばるものの重量が908kg（2000ポンド）以下だった。

最軽量ジェット戦闘機

ソ連（旧ソビエト連邦）がドイツに進駐している間に発見した航空戦利品の中で，最も重要なのは大量のBMW 003Aとユンカース・ユモ004Aターボジェットである。これらは実験用として各航空機設計者に配布され，エンジン・メーカーは量産に向けて準備を進めた。

アレクサンダー・S・ヤコブレフが関わった設計の一つが，Yak-3の機体フレームにユモ004Bを取り付けたもので，Yak-15と名付けられた。この機種は，1946年4月24日に初飛行した。この機体が完成した当時，軽量構造の機体フレームと，相対的に推力の低いRD-10（ユモ004B）エンジンを組み合わせたことで，Yak-15は世界最軽量のジェット戦闘機に仕上がった。

Yak-3は，より近代的なジェット戦闘機が登場するまでの間，そのギャップを埋める暫定的な航空機だったが，ソ連空軍が必要としていた，ジェット機の経験を提供したと

ソ連2番目のジェット戦闘機であるMiG-9の開発は1945年2月に開始され，I-300と呼ばれた。試作機はBMW 003Aを双発とし，1946年4月24日に初飛行した。

いう点で重要だった。

一方，アルテム・ミコヤンは1945年2月，BMW 003Aエンジンを2基搭載したジェット機I-300の開発にも着手していた。I-300の試作機はYak-15の試作機と同じ日に飛行し，その量産型はMiG-9と名付けられた。1947年半ばに少数が就航したが，これはスホーイが提案したライバル機Su-9よりも優先的に採用された。

1947年春にイギリスの労働党政府は，社会主義者の誤った連帯行為と見られているが，ロールスロイスのダーウェント30基とニーン25基のジェット・エンジンをソ連に納入することを許可した。ただちにソ連は，後退翼を採用した最新の戦闘機の設計にこの技術を適用した。ラボーチキンとミコヤンの2社で試作機がつくられたが，どちらも外観はよく似ていた。ラボーチキンのLa-15は少数しか生産されなかったが，対抗するMiGの設計は，史上最も有名なジェット戦闘機の一つとなる運命にあった。それがMiG-15である。MiG-15は，タンデム式の複座練習機MiG-15UTIを含め，最

終的に約18,000機が生産された。

海軍のジェット戦闘機

1944年，ドイツの先進的な航空研究データが入手可能になる前に，アメリカ空軍は4種類の戦闘機の要求事項をまとめた仕様書を発行した。ノースアメリカンの設計チームは，アメリカ海軍の空母艦載用ジェット戦闘機NA-134の開発に携わっていたが，XP-59Aと同様に，この戦闘機にも興味を持った。これはXP-59AやXP-80と同じく従来の直翼機であり，すでに完成していたためノースアメリカンはNA-140という社内名称でアメリカ空軍に陸上機型を提供した。

1945年5月18日，ノースアメリカンはNA-140の試作機3機を，アメリカ空軍の呼称XP-86として製造する契約を結んだ。同時にNA-141（海軍用ジェット戦闘機NA-134の発展型）がFJ-1としてアメリカ海軍から100機発注されたが，その後30機に減らされた。FJ-1はフュリーと呼ばれ，1946年11月27日の初飛行後，海軍戦闘機隊VF-51に搭載され，1949年まで運用されることになった。

XFJ-1試作機の製作が進む一方で，XP-86とFJ-1の設計開発も並行して進められた。XP-86はモックアップが製作され，1945年6月にアメリカ空軍に承認された。このとき，ドイツの高速飛行，特に後退翼の研究資料が入手できたため，XP-86はそれを搭載するように設計変更された。1947年8月8日，2機の飛行試作機のうち1機が完成し，ジェネラル・エレクトリックのJ35ターボジェットを動力に初飛行を行った。1948年5月18日，試作2号機（XF-86A）が，より強力なジェネラル・エレクトリック製J47-GE-1エンジンを搭載して初飛行し，その10日後には量産型F-86Aの納入が開始された。1949年3月4日，ノースアメリカンF-86は，セイバーと正式に命名された。

イギリスでは，先進的な空力研究

アメリカ空軍兵に警護されたMiG-15。北朝鮮空軍パイロットが亡命に際して飛行してきたもので，詳細に調査された。飛行試験ではいくぶん能力不足であることがわかった。

樽形胴体戦闘機
ラボーチキン La-15

ラボーチキンLa-15は1948年に初飛行したLa-168試作迎撃機を洗練化したもので，量産発注はされたが，装備したのは少数の戦術戦闘機部隊だけだった。

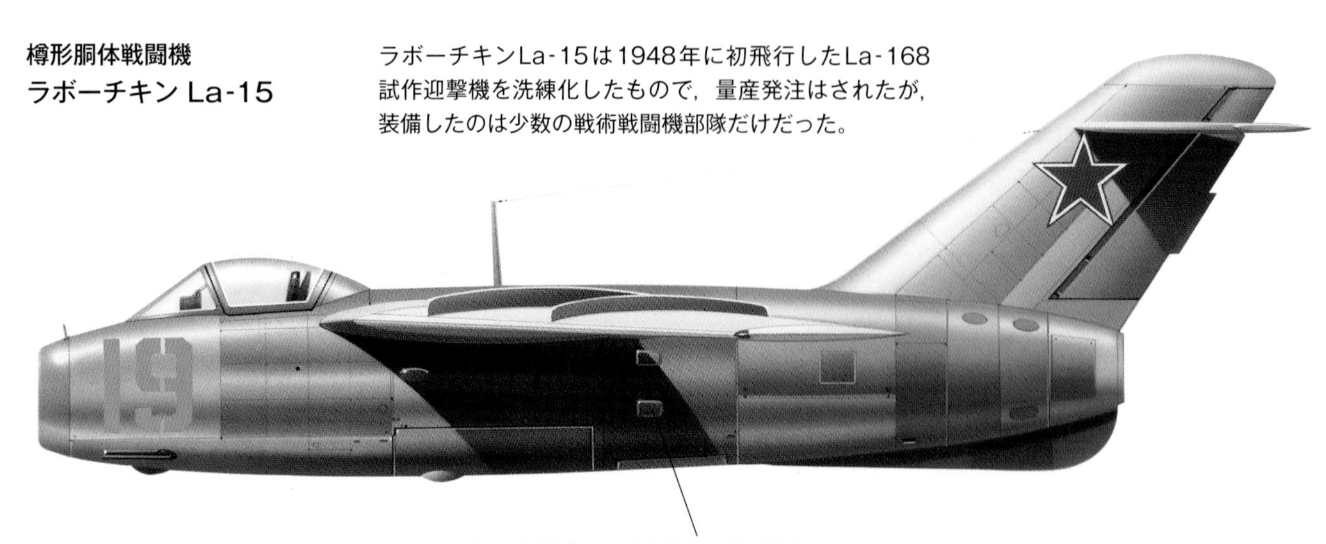

La-15は樽のような胴体に後退翼を組み合わせ，尾翼は水平尾翼を高く配置したT字型だった。

ラボーチキンLa-15

タイプ：ジェット戦闘機
推進装置：15.6kNのクリモフRD-500エンジン1基
最大速度：1,026km/h
フェリー航続距離：1,170km
実用上昇限度：13,000m
空虚重量：2,575kg；搭載時重量：3,850kg
武装：ヌーデルマン - スラノフNS-23 23mm機関砲3門
寸法：全幅8.83m
全長9.56m
全高 不明
主翼面積16.20m^2

ノルウェー空軍のF-86K。セイバーF-86Kは，F-86Dから直接発展したタイプで，元々は後部座席に兵装員が搭乗する複座戦闘機として考えられた。

を行う施設が不十分だったことから，高速飛行の研究が進まなかった。また，高速風洞といった，ドイツから入手された装置のほとんどは，アメリカに渡ってしまった。イギリスは，ほぼゼロからのスタートとなり，デ・ハビランドD.H.108研究機を製造した。尾翼のない構成のバンパイアを基本に，後退角を付けた主翼を取り付けて，その特性を調査し，製造された3機はさまざまな速度で後退翼の仕様を試験する目的が付与された。3号機（VW120）は高速機で，1948年9月9日にテストパイロットのジョン・デリーの操縦により，12,000mから10,000mまで急降下中に，音速度のマッハ1を超えた。その後は論争が持ち上がったが，D.H.108はターボジェット機としては，世界で初めてマッハ1を超えた機体であると考えられている。3機のD.H.108は，すべて悲劇的な結末を迎えた。2機は空中分解し，1機は墜落したのである。

先進のプロダクト

アメリカのロケット動力機ベルX-1（第13章参照）が1947年に世界で初めて音速を突破したが，イギリスはその数カ月前にターボジェット推進設計のマイルズM.52で実現していた。

M.52はマイルズ・エアクラフト社が3年前から取り組んでいた非常に高度な計画だった。しかし，試作機が半分ほどできた時点で，作業を中断するという上層部の決定が下された。この決定はイギリス航空界の大きな悲劇の一つに数えられている。

マイルズ社がM.52の開発を始めた1943年は，まだ高速機に関する

世界で初めてマッハ1を超えたターボジェット動力機と主張されているD.H.108の設計には，後退翼の研究成果が採り入れられている。この機種は3機が製造され，初飛行は1946年5月15日に行われたが，2機は事故で失われた。

知識がごく限られていた。計画は極秘裏に進められ，マイルズは高速機を製造するのに必要な金属部品の製造施設や高速風洞を自社で設置した。徐々に進化したデザインは，胴体は直径1.5mの高張力鋼構造材を合金で覆った弾丸のような円形断面で，中央にパワージェットのW.2/700を配置し，空気は先端の環状取り入れ口から吸入，中央のコーンにコクピットを設けていた。パイロットは半身をかがめて座り，緊急時には小さな無煙火薬のコルダイトを発射することで切り離すことができ，低高度に至る前にカプセルで脱出できた。

M.52は，胴体中間部に取り付けられた両凸断面の主翼を備えていた。このユニークな高速主翼の設計は，1944年に木製の実物大モックアップが製作され，マイルズ・ファルコン軽飛行機で試験された。設計が進むにつれ，さまざまな改良が加えられた。分割型フラップが取り付けられ，尾翼はすべて動くようになっていた。また，エンジンダクトの後部に燃焼缶の形をした初歩的なアフターバーナーを追加することで，超音速の推力を大幅に向上させることができた。主翼が非常に薄いため，車輪を胴体の中に収納する必要があり，主輪の間隔が狭い方式であるため，着陸時に問題が発生する可能性があった。

M.52の詳細設計は1946年初頭には90％完了しており，予定されていた三つの試作機を組み立てるための準備も整っていた。製造上の問題は想定されておらず，6～8カ月以内にM.52の初号機が飛行することが期待されていた。

1946年2月，何の前触れもなく，F・

G・マイルズはM.52計画の作業を，すべていったん中止するという連絡を受けた。M.52の設計時と同様，中止についても秘密にされた。1946年9月になって，イギリスの航空機産業が世界初の超音速機の飛行を目前にしながら，その機会を奪われたことが世間一般に知られるようになった。

無人機型

M.52の中止の理由は，1946年の早い段階でヴィッカース社が開発した無人機模型を使った超音速研究計画を実施することが決定されていたからだ。

1947年5月から1948年10月の間に，8機のロケット型が発射されたが，そのうち成功したのは3機だけだった。いずれの失敗例も（最初に打ち上げようとしたモスキート試験機が雲の中でコントロールを失い，模型が離脱したことを除く），機体ではなくロケット・モーターの故障だった。皮肉なことに，ほとんどの機種がM.52の設計をベースにしていたのである。さらにいえば，現在の知識に照らし合わせると，実物大のM.52はほぼ間違いなく成功していただろう。

M.52の中止から1年後に，アメリカ空軍のチャック・イェーガー少佐がロケット動力のベルX-1研究機で，史上初の超音速飛行を成し遂げた。

第1世代の後退翼ジェット戦闘機は，急降下で超音速を超えることはできたが，ターボジェット・エンジン搭載機が水平飛行でマッハ1の目標を達成するまでにはしばらく時間がかかった。1953年5月25日の初飛行でマッハ1を超えたのは，ノースアメリカンのF-100スーパーセイバーだった。ソ連のターボジェット機で最初にマッハ1を達成したのは，MiG-17の後継機として設計さ

X機と呼ばれたアメリカの一連の研究機は，アメリカ航空諮問委員会（NACA。のちのNASA）の監督によりアメリカ空軍と海軍が作業を行っている。ベルX-1は，アメリカで初めてロケットエンジンを搭載した航空機だった。

マイルズのE.24/43別名M.52は，極めて先進的な計画だったが，作業が3年進んだところで，上層部の決定により作業は取り止めとなった。

れたMiG-19である。

イギリスに水平飛行で超音速に達する実用機はなかったが，それを可能にする二つの研究機があった。一つ目はイングリッシュ・エレクトリックP.1で，第二次世界大戦後すぐに構想された。当時，イギリス空軍戦闘機コマンドではジェット戦闘機グロスター・ミーティアが運用されており，デ・ハビランド・バンパイアが1946年に納入予定だった。この年の初めには，ホーカーとスーパーマリンは，ハンターやスイフトとして実現することになる後退翼ジェット戦闘機の構想を検討していた。また，真の超音速設計の実験は，マイルズM.52に集中していた。

M.52計画が中止になったとき，イングリッシュ・エレクトリックの主任設計者であるW・E・W・“テディ”・ピーターが率いる若い設計チームは，超音速飛行を維持できるだけでなく，マッハ2に達することができる航空機の設計に目を向けた。初期のスケッチには斬新な設計が描かれていた。主翼の後退角は60度もあり，2基のエンジンを上下に重ね，胴体の側面は平板で，単座のコクピットはその上面に配置され，電子機器や兵器も取り付けられていた。水平尾翼は全遊動式だった。この設計について最も驚くべきことは，軍需省がこの設計の実現性を検討し始めたことだ。そしてM.52計画の決定から，さらに調査する価値があると判断され，1947年にER.103として研究契約が結ばれた。

研究機

続いて2年後には，2機の試作機と静的試験用の機体を契約した。後退角の大きい主翼の特性を調べるために，ショートSB.5という研究機がつくられ，1952年12月に，まず50度から始まり，徐々に60度まで後退翼を変えて飛行した。

SB.5による試験計画はイングリッシュ・エレクトリックの設計チームのアイデアが正しいと実証し，P.1とP.1Aと名付けられた2機の研究試作機の製造へと進んだ。その初号

最初のセンチュリー・シリーズ戦闘機
ノースアメリカンF-100Dスーパーセイバー

ノースアメリカンF-100Dスーパーセイバーは，水平飛行で音速を突破できるアメリカ最初のジェット機だった。F-100Dはブルパップ空対地ミサイルを搭載している。

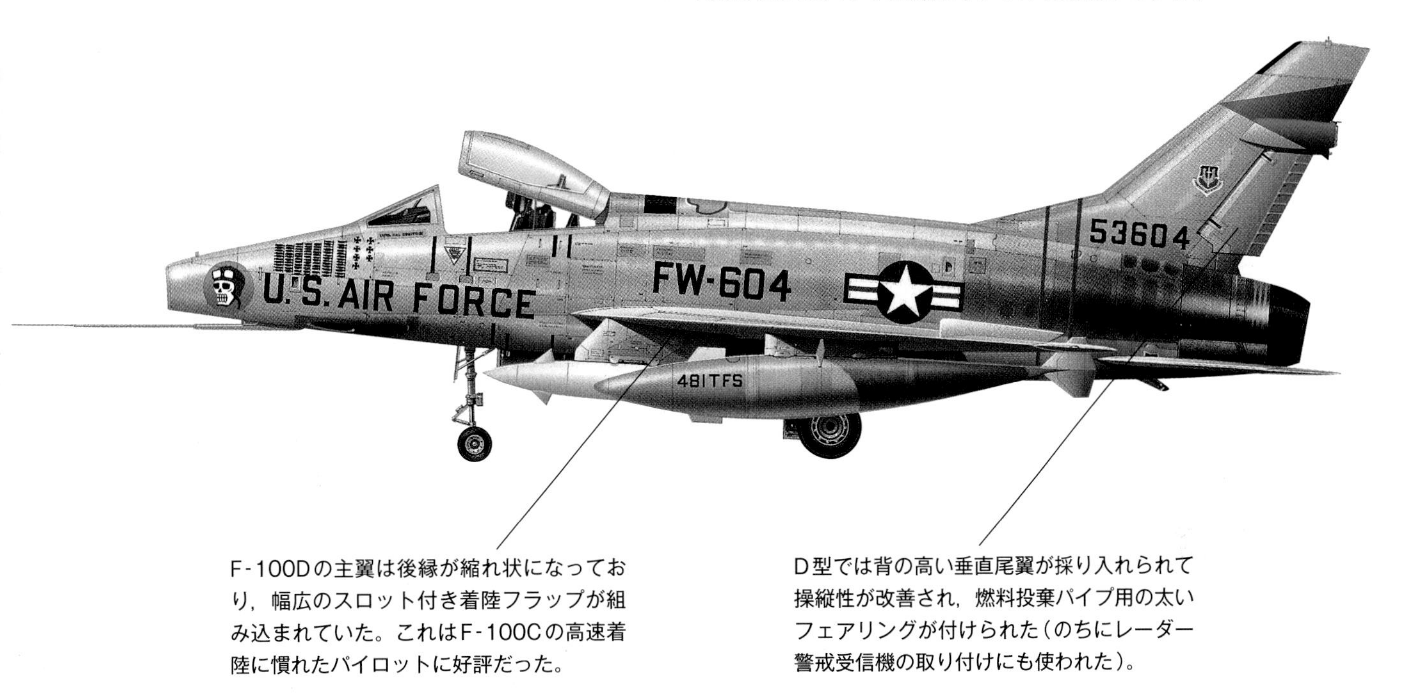

F-100Dの主翼は後縁が縮れ状になっており，幅広のスロット付き着陸フラップが組み込まれていた。これはF-100Cの高速着陸に慣れたパイロットに好評だった。

D型では背の高い垂直尾翼が採り入れられて操縦性が改善され，燃料投棄パイプ用の太いフェアリングが付けられた（のちにレーダー警戒受信機の取り付けにも使われた）。

機は1954年8月4日にボスコムダウンで，イングリッシュ・エレクトリックの主任テストパイロットのR・P・ボーモント中佐が操縦して初飛行した。動力はブリストル・シドレーのサファイア・ターボジェット2基で，3回目の飛行で超音速に達した。

1954年後半にイングリッシュ・エレクトリックは，P.1B 3機の製造契約を得た。これは運用型の試作機となるもので，またイギリスの設計機では初めて統合化された兵器システムとして設計された。動力はロールスロイスRA24エンジン2基だ。その初号機は1957年4月4日に初飛行したが，皮肉にもイギリス政府はこの日に国防白書を発表し，有人戦闘機は終わりにしてミサイルに置き換えるとした。

P.1Bを実用戦闘機にしていく元の意向は保たれ，エンジンとロケット・モーターを動力とするサンダースロー SR.177目標防空機とともに，ライトニングの名称で混成迎撃戦力を構築することとなった。SR.177は，ほかのいくつかの航空機計画とともに政策変更の中に沈んだが，ライトニングだけは亜音速機から超音速機へと飛躍した。

イギリスで2番目の超音速設計機となったのがフェアリー F.D.2研究機で，その名称はフェアリー（F）の2番目のデルタ翼機（D）に由来する。この機種は1956年3月10日に，時速1,600km/h以上という世界速度記録を樹立し，航空史に名を刻んだ。この日テストパイロットのピーター・トゥイスは，1,821km/hの新記録を出した。

P.1と同様にF.D.2もER.103に基づいており，フェアリーは1949年12月に，燃料とパイロットを収められるスペースを持ち，高度な流線形をしたデルタ翼機設計を固めた提

ノースアメリカンF-100D
スーパーセイバー

タイプ：単座戦闘爆撃機
推進装置：75.4kNのプラット＆ホイットニー J57-P-21Aアフターバーナー付きターボジェット1基
最大速度：1,436km/h（高空）
初期上昇率：5,045m/min（クリーン）
航続距離：2,494km（増槽2本使用）
実用上昇限度：14,020m
空虚重量：9,526kg；最大離陸重量：15,800kg
武装：M-39 20mm機関砲4門，ナパーム弾，爆弾，ロケット弾など機外搭載最大3,402kg
寸法：全幅11.82m
全長14.36m
全高4.94m
主翼面積35.77m²

MiGも超音速に
ミコヤンMiG-19S“ファーマーC”

MiG-17に続いて設計されたMiG-19は，1953年9月に初飛行した。水平飛行でマッハ1を超える能力を持つ，ソ連最初の実用超音速戦闘機である。

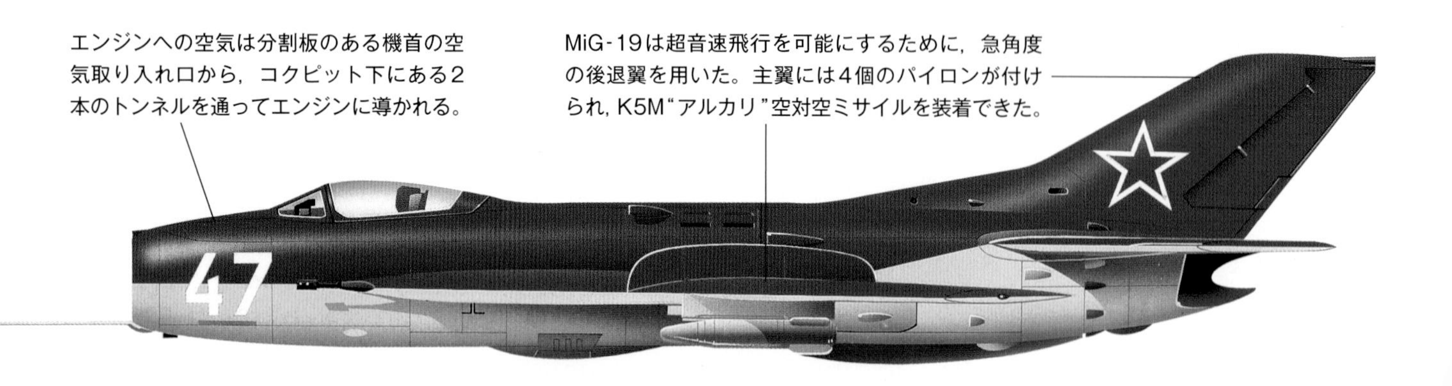

エンジンへの空気は分割板のある機首の空気取り入れ口から，コクピット下にある2本のトンネルを通ってエンジンに導かれる。

MiG-19は超音速飛行を可能にするために，急角度の後退翼を用いた。主翼には4個のパイロンが付けられ，K5M“アルカリ”空対空ミサイルを装着できた。

ミコヤンMiG-19SF “ファーマーC”

タイプ：単座昼間戦闘爆撃機
推進装置：32.66kNのMNPKソユーズ（ツマンスキー）RD-9BMアフターバーナー付きターボジェット2基
最大速度：1,452km/h（高空）
フェリー航続距離：2,200km
実用上昇限度：18,500m
空虚重量：5,760kg；最大離陸重量：9,100kg
武装：NR-30 30mm機関砲3門，454kg爆弾最大2発（通常は227kgを搭載）各種の単発/多発ロケット弾ポッド，767L増槽2本，ミサイル4発
寸法：全幅9.20m
全長12.60m
全高3.88m
主翼面積25.00m²

1953年に飛行したショートS.B.5は，イングリッシュ・エレクトリックの超音速戦闘機ライトニング向けに主翼の低速試験にも使用された。

案を行った。2機のF.D.2試作機のうち初号機は1954年10月6日に初飛行し，最初から多くの潜在能力を示した。F.D.2の2号機は1956年2月15日に初飛行し，ピーター・トゥイスがノースアメリカンF-100Cスーパーセイバーが保持していた速度記録を更新するまでに，2機で100回以上飛行した。F.D.2による記録樹立は航空界に衝撃を与えた。フェアリーはF.D.2の設計こそが超音速戦闘機ファミリーを前進させる基礎になると思い，軍用機型の開発に進もうとした。しかしこの計画は1957年4月に中止となってしまった。それでも2機のF.D.2は多くの高速飛行の研究に寄与し，コンコルドの主翼に採用されたオージー（二重曲線）翼のモデルが搭載された。

マッハ2

1957年12月12日にアメリカが，マクダネルF-101Aブードゥにより速度記録を取り戻した。しかしブードゥが記録を保持できたのはわずかに5カ月で，1958年5月にはほかのアメリカ機がその記録を塗り替えた。それがロッキードF-104スターファイターで，ターボジェットの飛行によりマッハ2を実現した。

マッハ2を維持して飛行できる最初のアメリカ製ジェット機であるF-104の開発は，朝鮮戦争の教訓に

イギリスの第一線機
イングリッシュ・エレクトリック・ライトニングF.Mk.1

イギリス空軍第56飛行隊のイングリッシュ・エレクトリック（のちにBAC）ライトニングF.Mk.3。ライトニングF.Mk.1は1959年10月29日に初飛行し，完全な戦闘仕様になったライトニングは1960年7月からイギリス空軍で就役した。

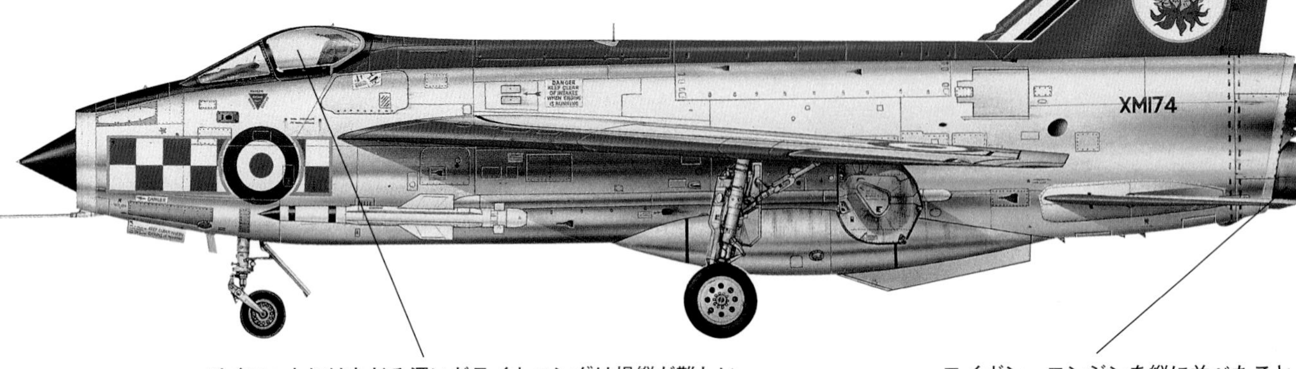

パイロットにはなじみ深いがライトニングは操縦が難しい。コクピットは，ひいき目に言っても狭苦しく，計器や操作装置は1950年代の古式ゆかしいものばかりだ。

エイボン・エンジンを縦に並べたことで，1基が故障した場合も操縦性への影響は最小化できた。

イングリッシュ・エレクトリック・ライトニングF.Mk.6

タイプ：単座防空戦闘機
推進装置：72.77kNのロールスロイス・エイボン302アフターバーナー付きターボジェット2基
最大速度：2,415km/hまたはマッハ2.3（高度12,000m）
航続距離：1,200km
実用上昇限度：16,500m
空虚重量：12,700kg；搭載時重量：22,500kg
武装：アデン30mm機関砲2門（弾数120発），レッドトップまたはファイアストリーク感熱ミサイル2発，上面（輸出型のみ）と下面に2,500kgの機外搭載品
寸法：全幅10.62m
全長16.84m
全高5.97m
主翼面積35.31m^2

記録樹立機のフェアリーF.D.2研究機は，のちに超音速旅客機コンコルドの開発にも用いられた。どちらの機種も着陸時にパイロットに良好な視界を提供できるよう，機首の「下げ」機構を採り入れていた。

より戦闘機の設計が変わった1951年に始まった。XF-104試作機2機の製造契約が1953年に与えられ，わずか11カ月後の1954年2月7日に初号機が初飛行した。2機のXF-104に続いてアメリカ空軍の評価用に15機のYF-104がつくられ，そのほとんどは試作機と同様にライトJ65-W-6を動力とした。そして量産型F-104Aが発注され，1958年1月にアメリカ空軍の防空司令部で就役が始まった。F-104Aは全天候型ではないため，防空司令部での使用は限られており，二つの戦闘機中隊にしか装備されなかった。またF-104Aは中華民国（台湾）とパキスタンも装備し，1969年の印パ戦争でも活躍した。

F-104Bは複座型で，F-104Cは戦闘爆撃機型として77機がつくられ，1958年に第479戦術戦闘航空団に配備された（このタイプを運用した唯一の部隊である）。その後F-104D，F-104Fの2タイプがつくられ，さらに数字的に最も重要なタイプとなったF-104Gが製造された。

スターファイターは時速2259.7kmを記録し，1959年10月31日にYe-66と報告された機体によって時速2387.99kmに引き上げられるまで記録を保持していた。Ye-66とされていたその機体は，実際にはYe-6/3で，西側に大きな衝撃をもたらしたMiG-21の試作機である。

目標防御

F-104と同様に，NATOでは“フィッシュベッド”というコード名で呼ばれていたMiG-21は，朝鮮戦争で生まれた機体である。ソ連では，空戦経験から，高い超音速操縦性を持つ軽量の単座標的防衛迎撃機の必要性が認識されていた。2機の試作機が発注され，いずれも1956年初頭に登場した。“フェイスプレート”と

世界で最も普及した戦闘機
ミコヤンMiG-21FL“フィッシュベッドC”

イラストのMiG-21FL は，インドのヒンダスタン航空機社でもライセンス生産された機体である。1973年まで，インド空軍第1飛行隊“タイガース”が運用していた。

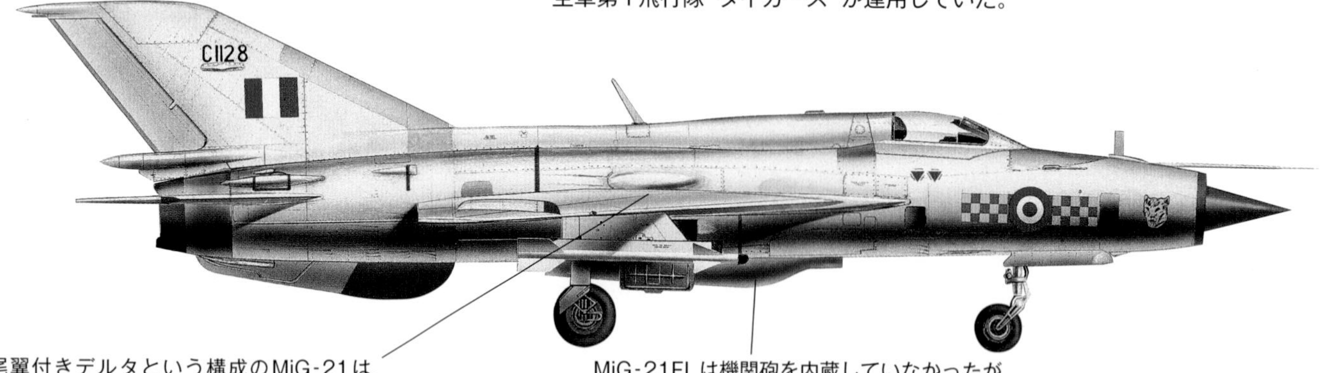

尾翼付きデルタという構成のMiG-21は，最も軽快な戦闘機の一つであり，ベトナムで相対したときにファントムⅡを動きで上回ることがあった。

MiG-21FLは機関砲を内蔵していなかったが，胴体下に23mm機関砲パックを装着できた。

F-104の開発は1951年，朝鮮戦争の教訓から戦闘機の設計に大きな変化がもたらされ始めていたときに開始された。スターファイターの初号機は1954年2月7日に飛行した。

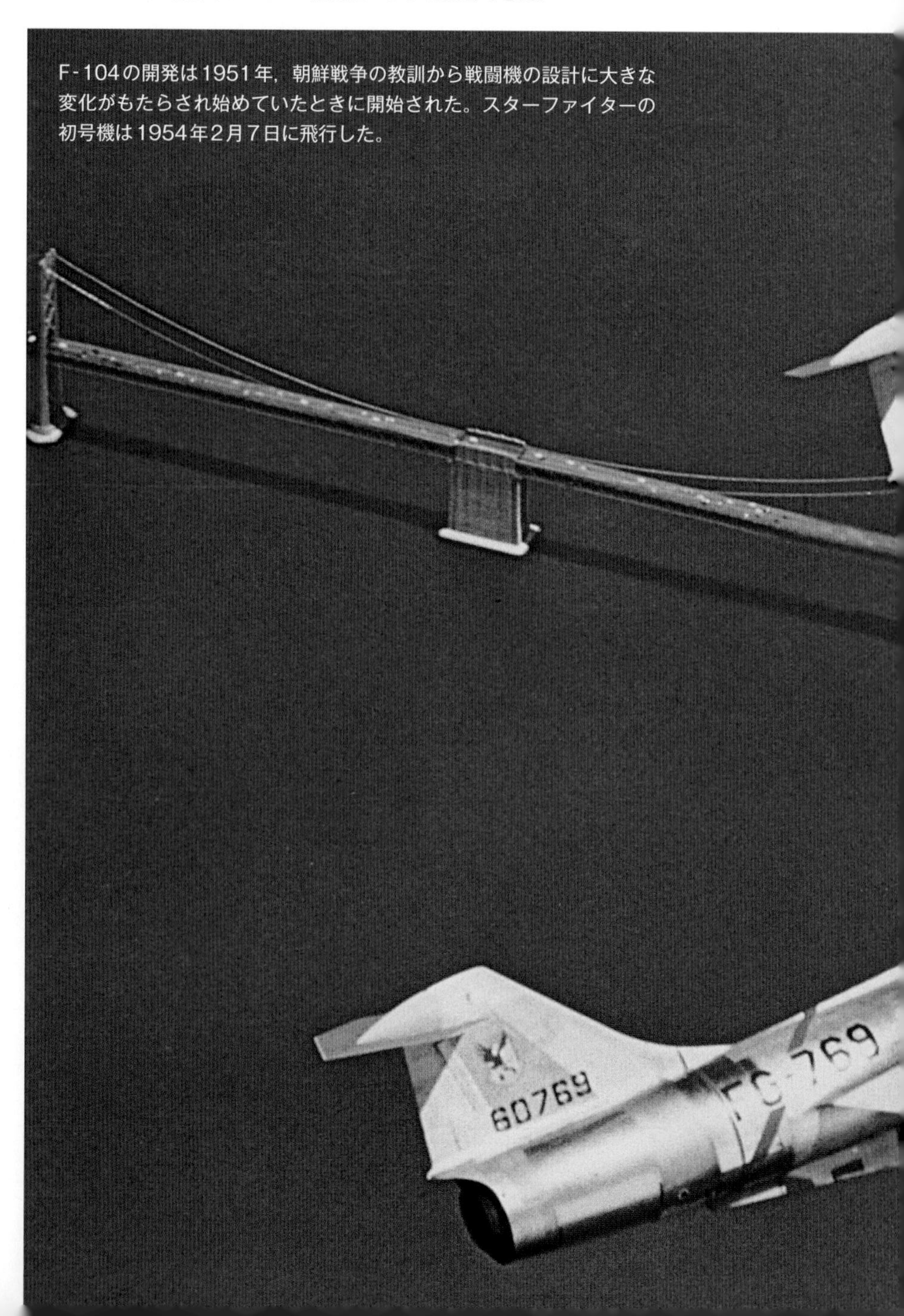

ミコヤンMiG-21SM

タイプ：単座迎撃戦闘機
推進装置：63.65kNのツマンスキーR-13アフターバーナー付きターボジェット1基
最大速度：2,230km/h
航続距離：1,420km（増槽使用）
実用上昇限度：18,000m
空虚重量：5,250kg；搭載時重量：9,400kg
武装：GSh-23 23mm 2砲身機関砲1（弾数200発），主翼の4カ所のパイロンに“アトール”感熱誘導空対空ミサイル，または最大1,300kgの爆弾あるいはロケット弾
寸法：全幅7.15m
全長14.10m
全高4.71m
主翼面積23.00m^2

いうコード名を与えられた1機は，急激な後退翼が特徴で，それ以上の開発は行われなかった。

初期の生産型（“フィッシュベッドA”と“フィッシュベッドB”）はごく少数しかつくられなかった。短距離の昼間戦闘機で，武装も30mmのNR-30機関砲2門だけと相対的に軽微だった。しかしMiG-21F“フィッシュベッドC”では，K-13“アトール”赤外線誘導空対空ミサイルを2発携行できるようになり，ツマンスキーR-11ターボジェットの推力も引き上げられ，電子機器も改善された。MiG-21Fは主力生産型として1960年に就役を開始し，その後何年にもわたって継続的に改修と更新が続けられた。

その後も衝撃は続いた。1961年にソ連がモスクワのツシノで最新の戦闘機を展示したとき，ソ連は軍事航空技術の面で西欧諸国に追いついただけでなく，優位に立ったのではないかと思われた。二つの勢力圏は冷戦の最も危険な局面を迎えていたのである。

第12章
冷戦の始まり：核時代の幕開け

冷戦と呼ばれる期間は，第二次世界大戦の終結と同時に始まり，約半世紀にわたって続いた。冷戦が始まったとき，アメリカは核兵器とその投下システムを独占していたが，ソ連（旧ソビエト連邦）が1949年に初めて核装置を爆発させたことで，その優位性は急速に失われた。

1945年当時，アメリカの主力爆撃機はB-29で，1947年からは，より強力なB-50への置き換えが行われていた。また戦略航空コマンド（SAC）が編成されると，どの国の軍にもない，世界中に展開できる戦略打撃能力を備えた最初の爆撃機，コンベアB-36が就役した。

1946年8月8日に初飛行したB-36は，2,237kWのプラット＆ホイットニーのピストン・エンジン6基を推進式で装備していた。2機の試作機XB-36に続き，実用試作機のYB-36とYB-36Aがつくられ，1947年に飛行した。B-36は全幅約70m，全長約49mという巨大機で，乗員は16人だった。

目標上空の最大速度700km/h，実用上昇限度12,800m，航続距離

◀コンベアB-36ピースメーカーは，アメリカ大陸内の基地からソ連の目標に核兵器を投下できる能力をアメリカ戦略航空コマンドにもたらした。その巨大さから「アルミニウム・オーバーキャスト」というニックネームがついた。

ボーイングB-50スーパーフォートレスは，アメリカ戦略航空コマンドの主力機として活躍した時期があった。冷戦時代にアメリカが保有していた最初の核爆弾を運搬する役割を担った重爆撃機であり，B-29をベースに開発された。

12,875kmのB-36は防御火器も重武装で，遠隔操作の引き込み式銃座が6基あり，それぞれ20mm機関砲2門が装備され，さらに機首と尾部には20mm機関砲が2門ずつあった。標準の爆弾搭載量は4,536kgの核兵器で，短距離任務なら機内の爆弾倉に最大で38,102kgの爆弾を搭載できた。爆撃機型の決定版といえるB-36Dでは，主翼の外部下に2連ポッドに収めた4基のターボジェット・エンジンが補助推進装置として備えられた。

1946年3月からアメリカの戦略爆撃機戦力は，新たに編成された戦略航空コマンドの指揮下に入った。しかし，装備機種はいまだに通常爆撃を任務とするB-29で，広島と長崎に原子爆弾を投下した第509爆撃航空群だけが，大型でかさばる第1世代の核爆弾を搭載できる機体を保有していた。

第509爆撃航空群は1946年7月に，「クロスロード（十字路）」作戦に参加した。この目的は，捕獲した軍艦と退役した軍艦を使い，ビキニ環礁で行う2回の核実験で，艦艇へ及ぼす影響，効果を調べることだった。1946年7月1日にウッドロー・P・スワンカット少佐が操縦する第509爆撃航空群所属の“デイブズ・ドリーム”が，暫定基地としていたクェゼリン環礁を離陸し，ビキニ環礁に集められた73隻の上空で，核出力約17キロトンの長崎型原爆を投下した。これにより，5隻を破壊し，9隻に深刻な損傷を与えた。

ストラトジェットで最も多くつくられたタイプがB-47Eで，1953年1月30日に初飛行し，最盛期の1950年代中期にはアメリカ戦略航空コマンドの27個中型爆撃航空団に配備された。

核武装爆撃機

アメリカにとって真の目標は，本土の基地からソ連のあらゆる目標に対して，核武装したジェット爆撃機による打撃力を保有することだった。それには，今後ソ連が配備すると思われる防空システムを回避できるほど，高く速く飛ぶ能力が必要だった。1945年9月にボーイング・エアクラフト社は，モデル450Tと名付けた戦略爆撃機の設計を開始した。通常型の航空機からはかなり外れた斬新な設計の機体で，戦時中にドイツが行った研究に基づき，後退角35度の薄い主翼を使い，主翼下のポッドに6基のターボジェットを収め，降着装置は胴体内に収めた。基本設計は1946年6月に完了し，2機のXB-47試作機のうち初号機は1947年12月17日に初飛行した。エンジンは6基のアリソンJ35ターボジェットだったが，すぐにエンジンをジェネラル・エレクトリックJ47-GE-3に変更したXB-47が1949年10

月に飛行している。

ボーイングは1948年11月に先行量産機としてB-47Aストラトジェットを10機製造する契約を得て，初号機を1950年6月25日に初飛行させた。これらはまず評価作業に用いられ，乗員の転換訓練機としても使用された。最初の量産型はB-47Bで，J47-GE-23エンジンを搭載し，主翼の強化を始めとする多くの構造面での変更が行われた。主翼下には増槽を備え，18基の固体燃料ロケットを装着し，離陸時の推力を最大で89kN増大できた。このロケットは平時や訓練などで使われることはなかったが，実戦ではB-47に燃料を満載し，4,536kgの爆弾を積んだ場合，離陸距離が延びて操作が難しくなるため，不可欠な装備と考えられた。

B-47の降着装置は，胴体の下に二重車輪の主脚柱を前後に配置し，主翼下にも脚を取り付けた。主脚が胴体内に引き込まれ，主翼下はエンジン・ナセル内に収納された。この構成は軽量化と省スペースを可能にしたが，離陸時にまっすぐ滑走するのが難しいという傾向をもたらし，

ボーイングB-47ストラトジェットは，就役当初はほとんどのソ連戦闘機を回避できたが，格段に高い運用高度能力はなく，また，地上での操縦は容易ではなかった，

特に横風が強いときには，パイロットは操縦輪を風上に向けてしっかりと保持しなければならなかった。地上での走行は前方主脚で行い，どちらか一方に6度以上逸れないように制御された。B-47の最適離陸速度は重量にもよるが240km/h程度で，この速度に達すると機体は安定して浮き上がり，操縦輪の補正操作などは不要になる。いったん地面を離れるとフラップが自動的に機能し，安全速度に達するまで機体を押さえて速度計が310ノット（574km/h）を示すあたりから浅い角度で上昇に入り，以後は機体の形態によって変わるものの，上昇率が毎分1,200mあるいは1,500mと増加していく。

運用高度の12,000m程度になるとB-47の操縦は軽くなり，手放しで飛行しても均衡が取れるほどだ。操縦室は静かで振動もなく，驚くほどスムーズに飛行するが，高高度ではジェット気流による乱気流に遭遇することがある。このとき乗員がコクピットの外を見ると，B-47の長く柔らかい主翼が，大きく上下するのを目の当たりにする。これは初めて体験すると，かなり不安になる現象だった。

着陸技術

B-47には特別な着陸技術が必要だった。高高度からの長い直線的なアプローチに始まり，パイロットが足回りを下げ，エアブレーキの役割を果たす。ランディングギアを下げたストラトジェットは4分間で6,100mまで降下できた。フラップは最終アプローチまで下ろさない。最終アプ

ローチは滑走路の端から数マイル離れた場所で始まるため，非常に集中力が必要である。失速してはならないが，滑走路の端から飛び出さないように速度をできるだけ低く保つ必要があった。そのため，パイロットは着陸速度から2ノット（4km/h）以内の精度で飛行しなければならず，その速度は出撃終了時の軽量B-47で通常130ノット（556km/h）程度であった。

ストラトジェットのパイロットは縦列配置の主輪部を二つ同時に着地させるのが理想的である。車輪がしっかりと降りた状態で，パイロットは着地後にグライダーのパイロットが行うように，エルロンを使って翼を水平に保つ。ラダーは非常に慎重かつ控えめに使用しなければ機体がひっくり返ってしまう恐れがあった。B-47の高速回転を減速させるために，着地直後にブレーキパラシュートが展開され，パイロットは大きなブレーキをかけた。また，B-47にはアンチスキッド装置が搭載されており，自動的にブレーキが解除されたのち，再びブレーキをかけることで新たな“食い込み”を得ることができた。B-47の着陸滑走には平均で2,100mの滑走路を使用した。

1951年10月23日にフロリダ州マクディール空軍基地の第306爆撃航空団に最初のB-47が，そして年末までに11機が納入され，同航空団のB-50と入れ替わった。第306爆撃航空団はB-47の実戦的な評価と適切な戦術の策定を任され，“スカイトライ”と呼ばれる徹底的な演習で，すべての運用手順を試験した。これには，当初B-47に搭載される計画だったMk7核爆弾と同じ形状の模擬爆弾を搭載し，放出する試験も含まれている。このMk7は威力30～40キロトンを誇り，重量770kg，大きさは全長約5m，直径76cm。流線形で，三つの安定フィンを備えていた。Mk7は1948年のベルリン危機の際にトルーマン大統領が開始したクラッシュ・プログラムの結果であり，アメリカが相当量の核兵器を備蓄することを目的としていた。この計画はアイゼンハワー政権下でも継続され，1952年には1日1発のペースでMk7が製造された。1953年初頭には，核爆弾の備蓄数は約1,500発に達している。

1950年代後半，戦略航空コマンドのB-47は，Mk28熱核兵器（水爆）を標準化し，最大4発搭載できるようになった。この兵器は1.1～20メガトンの間で威力を制御できる5種類の構成で組み立てられた。威力に応じて長さ2.74～4.27mとなっている。直径は50cm，重量は要求に応じて変化する。自由落下のほか，パラシュートで落下を遅らせることもできた。

B-47の各型にはRB-47E，RB-47H，RB-47Kの偵察型もあり，1946年か

ら1957年にかけての生産機数は約1,800機にも上った。また，ボーイングはB-47の支援用にC-97輸送機の空中給油機型を開発し，20個の給油部隊が戦略航空コマンドの爆撃航空団に割り振られた。

1954年までに戦略航空コマンドは戦時活動の概念として，爆撃機をアメリカ大陸外の前進基地，たとえばイギリスに配置することを計画した。これでB-47とKC-97の組み合わせは，アメリカから発進した爆撃機が直接ソ連国内の目標に打撃を加え，その後ヨーロッパや北アフリカの基地に逃れることが可能になる。B-47の戦力は1956年にピークを迎えて，装備機数は1,260機になっていた。

こうした時期にイギリスでは，イングリッシュ・エレクトリック・キャンベラの配備が始まっていた。

成功物語

デ・ハビランド・モスキートに代わるレーダー爆撃機として開発されたキャンベラは，イギリスの戦後航空産業にとって最高の成功作であり，キャンベラB.Mk.1試作機が登場してから50年後の2006年まで，第一線部隊で使用された。キャンベ

イギリスのボスコムダウンのニードルス上空を飛ぶキャンベラPR.Mk.3の試作機（VX181）。PR.Mk.3はイギリス軍で唯一，写真偵察能力のあるタイプだった。

ベテラン爆撃機
イングリッシュ・エレクトリック・キャンベラB.Mk.52

エチオピア空軍のキャンベラB.Mk.52。エチオピア空軍は1968年にイギリス空軍に中古のキャンベラを4機発注し，1970年代には多くがゲリラ戦に使用された。

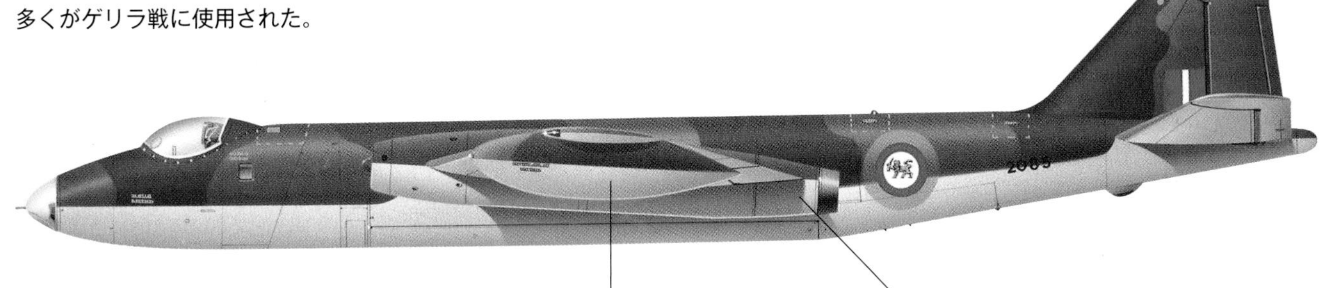

広大で平らなキャンベラの主翼は，大きな搭載能力と長い航続距離性能をもたらした。

エイボン・エンジンはナセル前方に装着され，排気管は後方に長く延ばされた。

ラB.Mk.1は4機の試作機が製作され，1949年5月13日にロールスロイス社のエイボン・ターボジェットを搭載して初飛行した。しかし，レーダー爆撃装置に問題があったことから機首部の設計を変更し，目視爆撃手席を設け，5号機からこの仕様となりキャンベラB.Mk.2と呼ばれた。写真偵察型のキャンベラPR.Mk.3は基本的にB.Mk.2と同じで，7台のカメラを搭載した。

キャンベラの配備を待っている間，イギリス空軍はランカスターの発展型であるアブロ・リンカーン，そしてアメリカから供与されたB-29を爆撃機の中心戦力としていた。

1947年の初め，イギリス政府は原子爆弾の製造を決定した。それ以前にイギリス空軍参謀長のテダー中将は，イギリスの核爆弾に対する要求案と，それを搭載する爆撃機の要求書を起草していた。その爆撃機は先進ジェット機で，4,536kgの“特殊”兵器を搭載し，目標上空15,200mに到達し，926km/hの速度で2,780km以上の戦闘行動半径を有するものと

イングリッシュ・エレクトリック・キャンベラB.Mk.6

タイプ：軽爆撃機
推進装置：33.36kNのロールスロイス・エイボンMk109ターボジェット・エンジン2基
最大速度：871km/h（高度12,190m）
フェリー航続距離：5,842km
実用上昇限度：14,630m
空虚重量：10,099kg；最大離陸重量：24,041kg
武装：機内に454kg爆弾最大9発あるいはほかの兵器，主翼下に454kg爆弾2発または機関銃ポッド，AS30ミサイル，ロケット弾発射装置
寸法：全幅19.51m
全長19.96m
全高4.75m
主翼面積89.19m^2

冷戦は東南アジアのマレーにも及んだ。写真は共産主義テロリストに対する活動でバターワースに展開した，オーストラリア空軍第１飛行隊のアブロ・リンカーンB.Mk.30。

していた。

航空機メーカー５社がこの仕様書に合わせた設計案を提示した。補給省が最終的に選んだのはA･V･ロー社の案とハンドレページの案で，ともにランカスターとハリファックスという爆撃機の実績があった。3番目の設計としてヴィッカースが提示したタイプ660があったが，先の2社と比べると概念に先進さが欠けていたため，ふるい落とされた。のちにヴィッカースの案は性能が低く重量も大幅に超過すると認識されたが，一方でほかの案よりもかなり迅速に開発できそうなことから，「つなぎ」として，そしてより斬新な爆撃機が失敗したときの「保険」として作業を進めることとされた。これは幸運な決定であり，のちに大きな影響を与えることになる。1948年3月に新しい仕様書（B9/48）が，ヴィッカース・タイプ660に合わせてつくられた。このときは，設計者を含めて誰もが，この航空機が将来にわたって果たす役割を想像することはできなかった。この機種が，危険な1950年代にイギリス空軍の核打撃力の中核になることや，Ｖ爆撃機となる戦力の運用技術の先駆けとなるなどとは，夢想だにしなかった。しかし就役すると，イギリス空軍機で最初の核兵器の投下を始めとして，いくつもの「初」を達成した。この機種にはバリアントの名が授けられた。

ヴィッカース・タイプ660の高翼配置の主翼は，平均後退角が20度で，揚力比を向上させるために翼の根部（最も厚い部分）に向かって角度が大きくなっている。この部分にはエンジンが埋設されている。主翼，そして機体全体の構造は完全に従来型である。実際，唯一の大きな技術革新は，この爆撃機に詰め込まれた電気系統にあった。

660の試作機であるWB210は，ロールスロイス・エイボンRA.3ターボジェットを4基搭載し，28.9kNの推力を持つ。システムや飛行前の試験を経て，WB210は1951年5月18日，ヴィッカースの主任テストパイロットであるJ・“マット”・サマーズを機長に，G・R・“ジョック”・ブライスを副操縦士に迎えて初飛行した。バリアントという名称は，1951年6月にヴィッカースの設計に正式採用され，1952年にはアブロとハンドレページの航空機にも“V”で始まる名称を付けることが決定した。

影が薄い

バリアントはイギリス空軍の後続になるV型爆撃機のバルカンやビクターの影に隠れがちであった。デルタ翼を採用した世界初の爆撃機，アブロ698型バルカン試作機（VX770）は，アブロ707シリーズのデルタ翼研究機で，当時の急進的な構成を徹

ヴィッカースのタイプ660バリアントの試作初号機（WB210）。隙間のある空気取り入れ口を備えている。ロールスロイス・エイボンRA.3エンジンを4発搭載して1951年5月18日に初飛行した。

デルタ翼を初めて採用した爆撃機がアブロ・タイプ698。バルカンの試作機（VX770）は1952年8月30日に初飛行し，広範な試験ののち，斬新な仕様のデルタ翼研究機アブロ707シリーズになった。

底的に試験したのち，1952年8月30日に初飛行した。

試作初号機はロールスロイスのエイボン・ターボジェットの4発機だったが，のちにブリストル・シドレーのものに，そして最後にはロールスロイス・コンウェイに変更された。試作2号機（VX777）はブリストル・シドレーのオリンパス100を装備した。1953年9月3日に飛行したこの機体は，胴体が若干長くなり，のちに複合的な後退翼に再設計された前縁を持つ主翼が装着され，2号機にそれが導入されて1955年10月5日にこの構成で飛行した。その後，バルカンB.Mk.2用の大型主翼の試験に使用された。

バルカンB.Mk.1最初の生産機は

1956年7月に第230実用機転換部隊に納入され，第83飛行隊は1957年7月にこの新型爆撃機を装備する最初の部隊となった。1957年7月には第83飛行隊が最初の爆撃機を装備し，同年10月には第101飛行隊，1958年5月には“ダムバスターズ”として有名な第617飛行隊が同機を受け取った。この頃には，大幅に改良されたバルカンB.Mk.2の製造が順調に進んでいた。1958年8月30日，オリンパス200エンジンを搭載した量産型バルカンB.2の初号機が飛行した。2機目の生産機では電子対策装置を格納する膨らんだテールコーンが採用され，以降の機体ではこれが標準となった。

3機目のHP.80ビクターは，ハンドレページの長い歴史の中で最後の爆撃機となった機体である。ビクターの設計には，第二次世界大戦中にドイツのアラドとブローム・ウント・フォスが行った三日月翼の研究が大いに生かされている。H.P.80ビクターの試作機WB771は，1952年12月24日にボスコムダウンから，ハンドレページの主任テストパイロットであるH・G・ヘイゼルデン少佐の手により初飛行し，E・N・K・ベネットがオブザーバーとして同乗した。

初飛行は難なく行われたが，ビクターがその最も優れた操縦特性を発揮したのは着陸時だった。多くの航空機は，着地直前の最終段階で地上との間の緩衝に入ると，地面効果によって尾翼からのダウンウォッシュが破壊され，機首下げの力が発生するため，パイロットは操縦桿を後ろ向きに押し下げなければならないが，ビクターは尾翼が高く設定されているため，この影響がほとんどない。また，三日月型の翼型を採用したことで，通常の後退翼の特徴である根元のダウンウォッシュと先端のアップウォッシュが減少する。これによりノーズアップピッチが得られ，正しい着陸姿勢が得られるよう

35発の454kg爆弾を投下し，通常爆撃機としての能力を披露するハンドレページ・ビクター。ビクターはV爆撃機の中で最も高速だった。

ビクターB.Mk.1と搭載兵器の454kg通常爆弾。バルカンとは異なり，ビクターは実戦で一度も爆弾を投下したことはないが，1991年の湾岸戦争では空中給油機として活動した。

になった。ビクターの試作機は，低空飛行中に尾翼が脱落して破壊されたが，その後，1954年9月11日に試作2号機が，1956年2月1日には量産1号機のビクターB.Mk.1が飛行した。

1958年4月に最初のビクターが第10飛行隊で運用を開始し，1960年までに第15，第55，第57の三個の飛行隊が編成された。B.Mk.1Aは尾翼に電子妨害装置を搭載するなど装備を強化した改良型で，B.Mk.2は主翼幅を拡大してより強力になった

改良型である。

核実験

1956年10月11日，南オーストラリアのマラリンガにおいて「バッファロー」というコードネームで行われた一連の実験では，イギリスの原子爆弾（ブルーダニューブ）が初めて実戦配備され，高度150～180mの間で爆発した。核分裂物質は飛行中にカプセルへ装塡され，兵器には改良された信管装置が搭載されてい

ツポレフTu-4は，第二次世界大戦末期にソ連領内に不時着した，アメリカ陸軍航空軍のボーイングB-29をコピーした機体である。ソ連の科学者たちは，この航空機のリバース・エンジニアリングに成功した。

た。信管装置の故障が心配され，40キロトンの地上爆発という，無用な汚染が発生することが懸念されたため，標準的な量産型爆弾ではなく，低威力（3キロトン）のものが使用された。とはいえ，この爆弾は開発のクライマックスであり，爆弾とV爆撃機を運用可能な形にするものだった。

1957年5月15日，K・G・ハバード中佐が率いる第49飛行隊のバリアントXD818は，南西太平洋のマルデン島上空で行われた「グラップル（取っ組み合い）作戦」による一連の実験で，最初の核爆弾の投下に成功した。この爆弾はブルーダニューブ弾道容器に「ショート・グラナイト（直訳すると短花崗岩）」という物理パッケージを装着したもので，高度約2,440mで爆発し，100～150キロトンの威力を得た。のちに「メガトン級装置」と公表されたが，実際はそうではなかった。いわゆる「フォールバック」核分裂装置で，第1世代の原子爆弾よりもかなり高い威力の軽量核分裂爆弾だった。

「グラップル」の実験は，その後18カ月続けられ，1957年6月に第1段階が終了した。しかし，実験がうまくいかないことは明らかで，高出力の熱核爆発を起爆させるのに必要なメカニズムをより深く理解するためには，さらなる実験が必要だった。そこで，1957年9月から11月にかけてオーストラリアのマラリンガ山脈で「アントラー」と呼ばれる一連

の実験が実施された。

1957年11月8日に，クリスマス島を基地に，B・T・ミレット少佐が操縦するバリアントB.Mk.1（XD825）が核分裂物質を投下した。爆発の威力は大きく，いくつかの推測ではおそらくは300キロトンとされ，太平洋の射爆場での試験では最も成功したものとなった。

中型爆撃戦力

イギリスやアメリカの核兵器を搭載したバリアント，バルカン，ビクターは，1950年代後半から1960年代前半にかけてイギリス空軍の中型爆撃戦力を形成することになるが，その間，増大するソ連の戦略に対する有効な抑止力を提供し続けたのは，アメリカの戦略航空コマンドだった。

第二次世界大戦末期，3機のB-29が満州で日本軍を攻撃後，ソ連国内への着陸を強いられ，ソ連の手に渡った。1946年にはTu-4の試作機が飛行したが，複雑なアメリカ型をコピーするには多くの技術的問題があった。最初の生産機がソ連の長距離爆撃機部隊に引き渡されたのは1948年の初めで，本格的な運用が開始されたのは1949年の半ばであった。

B-29/Tu-4の登場により，ソ連は核兵器を運搬する手段を手に入れた。Tu-4が生産された頃，ソ連の核研究は進んでいた。

1949年8月29日，カザフスタンのセミパラチンスク実験場で，ソ連初の原爆装置（まだ爆弾ではない）が爆発した。この実験は鉄塔に設置して行われ，核分裂物質としてプルトニウムを使用し，10～20キロトンの威力を得た。1951年9月24日には二つ目の装置が爆発し，少なくとも25キロトンの威力が得られた。1951年10月18日に爆発したものは，ウランとプルトニウムを核分裂

1951年に飛行試験が開始されたTu-85は，ソ連初の大陸間爆撃機の開発という試みだった。飛行性能は極めて良かったが，量産はされなかった。NATOはこの機種を，“バージ”と名付けた。

ミヤシチェフM-4は長距離戦略爆撃機としては成功しなかったものの，ソ連最初の4発ジェット爆撃機であり，B-52の初期型に匹敵する機種だった。

物質とした複合型で，50キロトンの威力が得られ，おそらく運用可能な爆弾のプロトタイプだった。

一方，ツポレフの設計チームは，爆撃機の航続距離を伸ばすことを主眼に，Tu-4の基本設計の改良に力を注いでいた。ツポレフの技術者たちは，Tu-4の基本構造を維持したまま，胴体の合理化に着手し，その長さを数フィート伸ばし，機首部分を再設計して，Tu-4のやや球形のコクピットをより空気力学的に洗練されたステップアップ構造に置き換えた。尾翼の面積も拡大され，尾翼はより角張った設計になった。空気抵抗を減らすため，Ash-73TKエンジン（B-29のライトR-3350をコピーしたもの）のナセルが再設計された。外側の主翼部分も再設計され，翼幅がわずかに長くなったため，燃料タンクの容量は15％増加した。

再設計された機体はTu-80と名付けられ，1949年の初めに飛行した。2機の試作機がつくられ，実戦型はTu-4と同様の搭載量を持ちながら，23mm機関砲10門または遠隔操作式の銃座に設置された12.7mm機関銃10丁の防御兵装を持つことになっていた。しかし，この頃になると，ソ連空軍はアメリカの戦略航空コマンドに就役し始めたコンベアB-36に匹敵する航空機を考え始めていたため，Tu-80の生産は発注されなかった。

1949年半ば，ツポレフはそれまでソ連で製造された航空機の中で最大の機体であり，ピストン・エンジンを搭載するソ連最後の爆撃機型の設計に着手した。この頃，ソ連ではいくつかのエンジン設計局が，次世代の戦闘機に搭載する強力なジェット・エンジンやターボプロップ・エンジンの開発に取り組んでいたが，それらが実用化されるのは，まだ先のことだった。一方で，ソ連によるベルリン封鎖などで東西関係が急速に悪化する中，アメリカとの軍拡競争は緊急性を増していた。特に戦略爆撃の分野では，アメリカの核兵器の独占を打ち破ってソ連が独自に原子爆弾を蓄えても，それを目標まで運ぶ手段がなければ意味がない。B-36は戦略航空コマンドに核爆弾をソ連の奥深くまで運ぶ能力を与えたが，1949年当時のソ連には，それに匹敵する爆撃機がなかった。Tu-4はソ連初期の扱いにくい核兵器を搭載する能力があったが，限られた範囲でしか使用できなかった。理論的には北極圏を越えて北アメリカの目標を攻撃できるが，その任務は厳密には一方通行だった。

大陸間爆撃機

大陸間爆撃機は5,200kgの爆弾を搭載して戦闘半径7,040kmを飛行し，無補給で基地に帰還できることが要求された。ツポレフの答えは2,983kWの新型ピストン・エンジンを搭載したTu-80の大型化版を製造することだった。この方法により，ツポレフはTu-80とその前身であるTu-4の定評ある空力的・技術的品質を維持するだけでなく，開発時間を短縮することにも成功した。大陸間爆撃機計画の開始から試作機の初飛行まで，わずか2年しかかからなかった。ちなみに，アメリカではB-36の製造に5年かかっているが，そちらのコンセプトは革新的だった。

Tu-85と名付けられたこの新型爆

1950年代中期に就役したツポレフのTu-16は，ソ連の新しい戦略爆撃機トリオの中で最も効果のある機種であり，また，ソ連空軍と海軍で就役した中でも極めて重要な爆撃機となった。

撃機は，1951年初頭に飛行試験を開始した。構造は特殊合金を多用した軽量なもので（ただし，B-36の構造に使われていたマグネシウムはなぜか使われていない），細長いセミモノコックの胴体は四つの区画に分割され，そのうち三つは16人の乗員を収容するために与圧されていた。防御兵装はTu-4と同じで，四つの遠隔操作式銃座にそれぞれ23mm機関砲を1対ずつ搭載している。広々とした武器庫には，最大2万kgの爆弾が搭載できた。5,000kgの爆弾を搭載したTu-85の航続距離は，時速547km，高度1万mで12,070km。

通常の航続距離は8,900kmで，最大速度は653km/hだった。

1951年から1952年にかけて，いくつかのTu-85の試作機がつくられ，テスト飛行が行われたが，量産の発注はなかった。時代は急速に変化していた。Tu-85が飛行試験を開始する前の1951年2月，アメリカ空軍は本土の基地からソ連の標的を攻撃できるボーイングB-52ストラトフォートレスの発注を決定した。ピストン・エンジン爆撃機の時代が終わったことは明らかだった。そのため，ソ連はTu-85の開発を断念し，ターボジェット・エンジンを搭載し

NATOが“ベア”と名付けたツポレフTu-95は，1952年11月12日に初飛行した。1957年にソ連の戦略航空軍で就役し，ソ連の重要な核兵器試験に参加した。

“ビーグル”の爆撃
イリューシンIℓ-28“ビーグル”

ピストン・エンジンのツポレフTu-2に代わる戦術軽爆撃機として設計されたイリューシンIℓ-28は，1950年代のソ連圏戦術打撃戦力で中核に位置し，ソ連の影響力を示した。イラストは，北ベトナム空軍の機体。

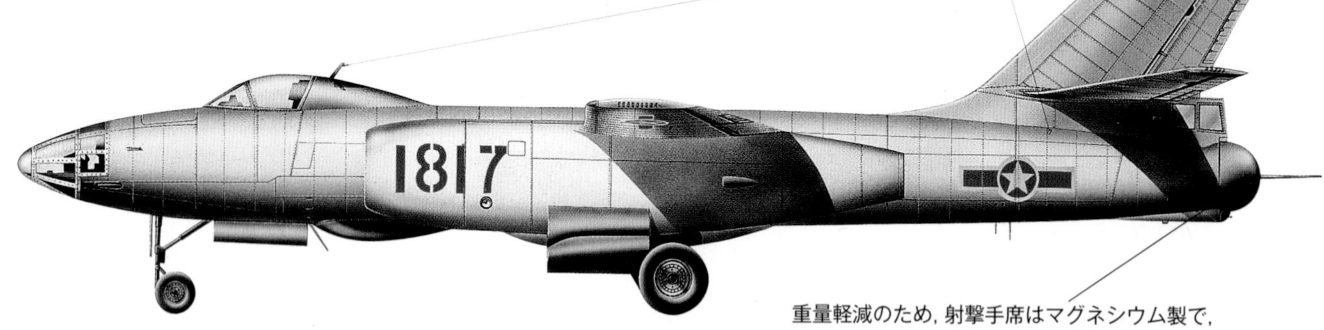

重量軽減のため，射撃手席はマグネシウム製で，弾薬箱と給弾機構には装甲があった。NR-23を除いた重量はわずか375kgで，射撃手を搭乗員から切り離すこともあった。

イリューシンIℓ-28“ビーグル”

タイプ：3座双発軽爆撃機/雷撃機/偵察機
推進装置：26.87kNのクリモフVK-1（ロールスロイス・ニーン）ターボジェット2基
最大速度：900km/h（高度4,500m）
上昇率：5,000mまで770m/min
戦闘行動半径：1,135km
実用上昇限度：12,300m
空虚重量：12,890kg；最大離陸重量：23,200kg
武装：機首に23mm機関砲2門，尾部のターレットにも2門，爆弾3,000kg
寸法：全幅21.45m
全長17.65m
全高6.70m
主翼面積60.80m²

た戦略爆撃機の開発を決定した。しかし，航空記念日でジェット戦闘機に護衛された試作機を飛行させることで，現役であるかのような印象を与えた。

戦略ジェット爆撃機の製造は，ツポレフとミヤシチェフ設計局に委ねられた。ミヤシチェフ設計局の努力は，1954年にモスクワのツシノで初飛行し，NATOが“バイソン”と名付けた4発のM-4に結実した。目的としていた長距離戦略爆撃では成功しなかったものの，“バイソン”はソ連初の4発ジェット爆撃機として運用された。後年，主な役割は海上および電子偵察となり，一部は空中給油機に転用された。

ツポレフが設計した戦略ジェット爆撃機は，より大きな成功を収めた。1950年代半ばに配備されたTu-16は，メーカー名Tu-88として1952年に初飛行し，ソ連空軍と海軍航空隊の在庫で，最も重要な爆撃機型となる運命にあった。最初に生産されたのは“バジャーA”で，Tu-4をベースにした胴体，構造，システム，防御兵装に，新しい後退翼，三輪構成の格納式着陸装置，ミクリン設計局が設計・開発した新しい国産AM-3ターボジェットを組み合わせたものだった。NATOにコードネーム“バジャー”を与えられたTu-16の生産は1953年に開始された。同機は1955年にソ連空軍の長距離航空隊に就役した。後期生産機は改良型のミクリンAM-3Mを搭載し，最大航続距離と速度の両方が向上した。“バジャーA”は，イラク（9機），エジプト（30機）にも供給された。

“バジャーA”の主な派生型はTu-16Aで，ソ連の空輪可能な核兵器を搭載するように構成されてい

1960年代の危機的な時期に，B-52はアメリカの恐るべき打撃力の象徴となった。このB-52が，半世紀にわたって第一線で活躍すると想像できた者はいなかったはずだ。

「スクランブル」発令で上昇するB-52。敵の核攻撃を受ける前に一刻も早く，敵に核で打撃を与える技術である。厚く黒い排気の正体は蒸気で，エンジン推力を増加するために水エタノールの噴射が行われている。

た。この機体は，1950年代半ばに行われたソ連の大気圏内核実験計画で重要な役割を果たした。Tu-16は電子情報収集や対艦攻撃など，多くの役割を担い，長く輝かしいキャリアを積んだ。一部の“バジャー”は空中給油機に改造された。2,000機以上が生産されたとされるTu-16は，中国では西安轟炸(シーアンホンザ)6型（H-6）としてライセンス生産された。

ターボプロップ搭載機

ツポレフは，ターボプロップ搭載の新型戦略爆撃機Tu-95の設計にもTu-85の基本的な胴体構造を採用した。計画をできるだけ早く実現させるため，ツポレフのチームは基本的にTu-85の胴体に後退翼の飛行面を組み合わせた。Tu-95とM-4の開発は並行して進められ，1954年5月にツシノで開催される航空記念日の儀礼飛行に間に合わせることを目標としていた。しかし，Tu-95のエンジンに若干の遅れが生じ，結

究極の核爆撃機

ボーイングB-52Fストラトフォートレス

1970年代初めに退役したB-52Fは戦略航空コマンドの爆撃機で，最初にベトナムで活動した。この57-0169は，第308爆撃航空団の所属で，グアムからベトナムに68回の任務を行った。これは，アメリカに帰還後のものである。

B-52は約147,112Lという大量の燃料を，胴体内と主翼内のタンクに搭載できる。

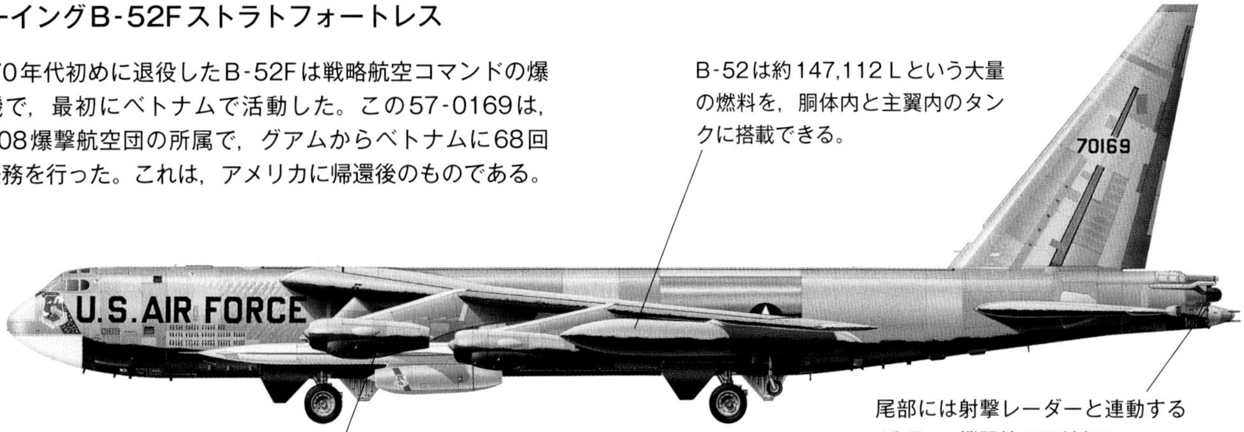

70169

U.S. AIR FORCE

尾部には射撃レーダーと連動する12.7mm機関銃4丁がある。

B-52Fの動力はプラット＆ホイットニーJ57ターボジェットで，F-100戦闘機やA-3攻撃機，U-2スパイ機も装備した。

局M-4のみが試験飛行に成功した。

初期にはいくつかの問題があったものの，Tu-95が長期的に成功するための最大の鍵となったのは，その動力装置だった。クイビシェフ設計局の技師，ニコライ・D・クズネツォフが，巨大なエンジンNK-12を開発した。シングルシャフトで設計されており，5段のタービンで14段の圧縮機を駆動し，可変ガイド・ベーンと吹き出しバルブを備え，複雑な動力分割ギアボックスでタンデム同軸プロペラに動力を結合していた。巨大なAV-60シリーズのプロペラは，4枚のブレードを持つユニットが二つあり，その直径は5.6mにもなる。

1954年夏に飛行試験が開始されたTu-95は，1955年7月3日に7機のプレシリーズ機がツシノに登場し，NATOからは“ベア”というコードネームで呼ばれた。この頃になると，M-4の性能が期待外れだったこともあり，ツポレフ爆撃機の重要性が高まった結果，生産発注は大幅に削減されることになった。Tu-95のエンジンに問題があったとはいえ，少なくとも今後10年間は，ツポレフの設計がソ連空軍の戦略航空部門の主力となることがわかっていた。

ソ連の新しい戦略爆撃機は，主に3編成に分けられ，第30航空軍（イルクーツク司令部），第36航空軍（モスクワ司令部），第46航空軍（スモレンスク司令部）に装備された。西部戦域打撃軍を構成する第46空軍は，数の上では最も重要であり，最終的には12個爆撃連隊からなる四つの爆撃師団にまで拡大された。

そのほかの冷戦時代のソ連航空軍の編成は，ポーランドのレグニツァにあった第4航空陸軍と，ヴィニツァにあった第24航空陸軍だった。もう一つの戦術航空軍である第16航空陸軍は，東ドイツに拠点を置き，大きな部隊であった。

戦略爆撃機が増強する一方で，ソ連の核兵器開発も進んでいた。1953年8月12日，ソ連は初めて熱核物質

ボーイングB-52H
ストラトフォートレス

タイプ：重爆撃機
推進装置：75.62kNのプラット＆ホイットニー TF33-P-3ターボジェット・エンジン8基
最大速度：1,028km/h（高度6,309m）
戦闘行動半径：7,936km（最大）
実用上昇限度：14,234m
空虚重量：77,030kg；最大重量：221,353kg
武装：尾部ターレットにM-61 20mm機関砲（弾数1,242発），現在は撤去。約31,500kgの爆弾，地雷，ミサイルなどの混合兵器（空中発射型巡航ミサイル搭載用に改造）
寸法：全幅56.39m
全長47.55m
全高12.41m
主翼面積371.61m^2

ナパーム弾を投下するP-51Dマスタング。第二次世界大戦の生き残りであるマスタングは，1950年6月に朝鮮戦争が幕を開けたときは，ジェット機への更新前であり，多くの前線部隊に残っていた。

朝鮮戦争開戦時に活躍していたアメリカの主力機は，ボートF4Uコルセアだった。ピストン・エンジン機で，アメリカ海軍と海兵隊の多くの部隊に装備されていた。

を爆発させ，その威力は200～300キロトンに達した。

この頃，ソ連空軍には原子爆弾が納入され，1954年9月には初めて原子爆弾を使った大規模演習を行った。1955年になると，陸海軍や空軍用に少量の核兵器が製造されるようになり，この年には航空機による核兵器の運搬を目的とした一連の実験が行われた。11月には二つの重要な実験が行われた。その一つは新世代のジェット爆撃機の爆弾倉に収まるように小型化した熱核爆弾で，もう一つは，ソ連初の高出力（1.6メガトン）核兵器である。

戦術軽爆撃機

戦略兵器を支えるのは，キャンベラとほぼ同クラスのイリューシンIℓ-28を筆頭とする強力な戦術航空機群である。イリューシンIℓ-28は，ピストン・エンジンを搭載したツポレフTu-2の後継機として設計された戦術軽爆撃機で，NATOからは“ビーグル”というコードネームで呼ばれた。VK-1を搭載したIℓ-28初号機は1948年9月20日に飛行し，

▲朝鮮半島の戦いで，アメリカ海軍のジェット戦闘機飛行隊には，多数のグラマンF9Fパンサーが配備されていた。しばしば無誘導ロケット弾を搭載し，敵の通信網を継続的に攻撃した。

▶MiG-15は1950年代に，ソ連とワルシャワ条約機構諸国の空軍を支えたジェット戦闘機。朝鮮戦争時，アメリカはこの機種で亡命したパイロットに10万ドルの賞金を提示した。

翌年には戦術飛行隊に納入が始まった。Iℓ-28は約10,000機が生産され，ソ連海軍の雷爆撃機Iℓ-28Tや，複座練習機Iℓ-28Uなどの派生型があった。1950年代には戦術攻撃力の主力としてソ連圏の国々に広く輸出されており，約500機のIℓ-28が中国に供給され，ハルビンで轟炸5（H-5）としてライセンス生産された。

しかし，1950年代にほかの爆撃機の陰に隠れていたのは，30年間にわたって西側の核抑止力のバックボーンとなった強大なボーイングB-52だった。B-52は1946年4月にアメリカ空軍が発表した，戦略空軍のコンベアB-36に代わる新しいジェット重爆撃機の要求から生まれた。1949年9月に2機の試作機が発注され，1952年4月15日には，プラット＆ホイットニーJ57-P-3ターボジェットを8基搭載したYB-52が初飛行。1952年10月2日にはXB-52も初飛行したが，両機とも同じエンジンを搭載していた。2機のB-52試作機に続いて，3機のB-52Aが1954年8月5日に初飛行した。これらの機体は多くの改造が施され，大規模な試験に使用されたが，最初の生産機であるB-52Bがカリフォルニア州キャッスル空軍基地の戦略航空コマンド第93爆撃航空団に受領されたときには，試験はまだ進行中だった。B-52Aは戦略航空コマンド向けに50機が生産され（当初発注された13機のB-52Aのうち10機はB-52B規格に改造された），生産ラインにはB-52Cが続き，35機が製造されている。

その後，B-52の生産拠点はワシントン州シアトルからカンザス州ウィチタに移り，1956年5月14日に初飛行したB-52Dは，最終的に170機が製

黄色と黒の識別帯をまとったノースアメリカンF-86セイバー。アメリカのセイバーのパイロットは，MiG-15に対して10：1の撃墜比率で圧勝したが，MiG-15も技量に優れたパイロットが操縦していると，強敵だった。

冷戦のスーパーファイター
ミコヤンMiG-15UTI

MiG-15戦闘機の複座練習型がMiG-15UTIである。これはイラク空軍のマークを付けている。イラク空軍には1959年から必要な数の装備がソ連から供給された。

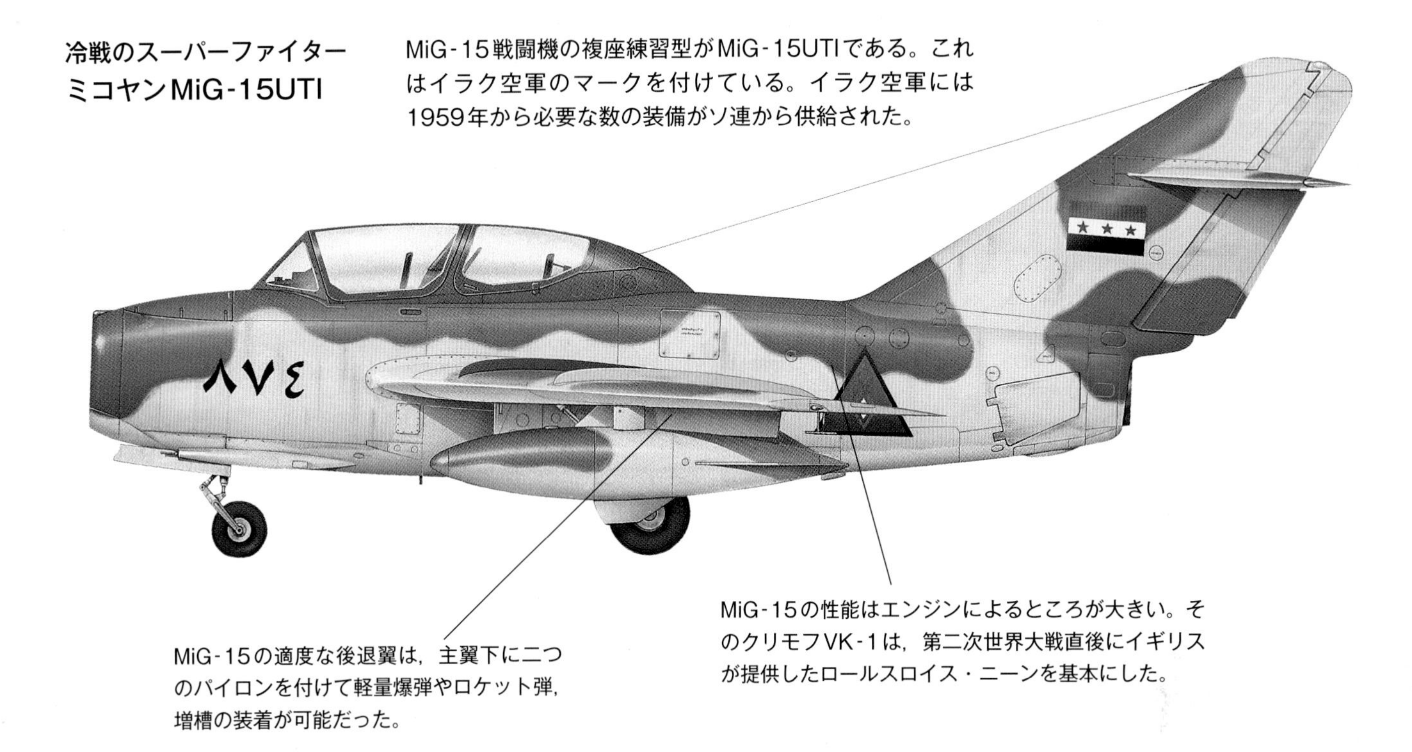

MiG-15の性能はエンジンによるところが大きい。そのクリモフVK-1は，第二次世界大戦直後にイギリスが提供したロールスロイス・ニーンを基本にした。

MiG-15の適度な後退翼は，主翼下に二つのパイロンを付けて軽量爆弾やロケット弾，増槽の装着が可能だった。

造された。B-52E（100機），B-52F（89機）に続いて登場したのが，主要な生産機種であるB-52Gである。

B-52Gは爆撃機の生存率を高めるために設計された長距離スタンドオフ空対地ミサイル，ノースアメリカンGAM-77ハウンドドッグを搭載した最初の航空機だった。このミサイルは1メガトンの核弾頭を搭載し，任務内容に応じて500～700海里（926～1,297km）を飛行するように設計されており，実用上昇限度16,775m，最高速度マッハ2.1で飛行できた。この兵器にはノースアメリカン・アストロノーティクス部門の慣性航法装置が搭載されており，航空機の航法装置と連動し，発射パイロンに設置されたコールズマンの天測装置によって継続的に更新される。

すべてのB-52Gと，その後のB-52Hは，両翼の下に取り付けられたパイロンにハウンドドッグを搭載した。ハウンドドッグのターボジェットは離陸時に点火され，その時点でB-52は事実上10発機となるが，離陸後は停止され，ハウンドドッグのタンクには母機から燃料が補充される。ハウンドドッグは発射後，必要に応じて，くの字に曲がったり迂回したりしながら，高低差のある飛行経路を採ることができた。また，のちに対レーダーや地形照合（TERCOM）などの改良が加えられた。1962年のピーク時には，戦略航空コマンドには592基のハウンドドッグが配備され，1976年まで運用されたことは，ハウンドドッグの有効性を示すものである。

B-52Gは合計193機が生産され，そのうち173機は1980年代にボーイングAGM-86B空中発射巡航ミサイルを12発搭載するために改造された。最後のB-52Hは，キャンセルされた空中発射型IRBM「スカイボルト」を搭載する予定だったが，代わりにハウンドドッグを4基搭載するように改造された。B-52には短

ミコヤンMiG-15UTI“ミジェット”

タイプ：複座の高等パイロットおよび兵器訓練機
推進装置：26.48kNのVK-1軸流ターボジェット（ロールスロイス・ニーンから派生）1基
最大速度：1,076km/h
航続距離：1,200km
実用上昇限度：15,500m
空虚重量：3,582kg；最大離陸重量：6,105kg
武装：時には無武装，機首左下に射撃訓練用の12.7 mm機関銃1丁，主翼下に500kg爆弾2発あるいは増槽2本
寸法：全幅10.08m
全長10.11m
全高3.70m
主翼面積20.60m^2
※データの一部はMiG-15bis

ロッキードF-80Cシューティングスターは，朝鮮戦争で優れた対地攻撃能力を発揮した。非常に安定した兵器プラットフォームであり，爆弾やロケット弾を大量に搭載できた。

距離攻撃ミサイル（SRAM）も搭載されており，1972年3月4日にメイン州ローリング空軍基地の第42爆撃航空団に初めて納入された。B-52は20発のSRAMを搭載することができ，そのうち12発は翼下に3発まとめて，8発は後部の爆弾倉に格納され，さらに最大4発のMk28弾頭を持つB28熱核爆弾を搭載できた。

1950年代末までに，東西両陣営は何度か対立した。1948年6月，ソ連がベルリンとの陸路を遮断すると，イギリスとアメリカの輸送機がベルリンに物資を運び，1年がかりの大規模なベルリン空輸が始まっ

リパブリックRF-84Fサンダーフラッシュは，アメリカ軍の戦闘爆撃飛行隊でF-80などの後継となった，F-84Fサンダーストリークの写真偵察型である．

た。1949年6月，ソ連の封鎖が解除されたことで，空輸は徐々に縮小しながら9月に終了した。1948年6月から1949年9月までの間に，232万5,809tの物資がベルリンに空輸されたが，その半分以上は石炭だった。

空母による支援

ソ連に支えられた共産主義の世界的な脅威は，1950年に北朝鮮が韓国に大規模な侵攻を開始したことにより，武力衝突に発展した。北朝鮮空軍は，5年前にソ連空軍を勝利に導いたYak-9戦闘機を主力とした。ほかにもYak-3，ラボーチキンLa-7，イリューシンIℓ-10シュツルモビクなど，搭乗員はソ連の訓練を受けていた。対抗するのはノースアメリカンF-51マスタング，F-82ツイン・マスタング，それに少数のF-80シューティングスターである。アメリカ海軍は，F4UコルセアやF9Fパンサーで空母からの支援を行った。後日，イギリス海軍もホーカー・シーフュリーとフェアリー・ファイアフライで攻撃部隊を提供した。

アメリカは，国連制裁決議により作戦を行い，瞬く間に制空権を確立し，8月末には北朝鮮空軍をほぼ掃討した。そして10月に入ると，中国共産党軍による大規模な介入により，国連軍の飛行士たちは多数のソ連製MiG-15ジェット戦闘機と遭遇するようになった。アメリカの戦闘機でMiG-15に対抗できるのはノースアメリカンF-86Aセイバーだけであり，1950年12月中旬には最初のセイバー部隊である第4戦闘迎撃航空団（FIW）が韓国に急きょ投入された。

MiGとの初期段階の小競り合いで，セイバー最大の欠点は行動範囲の狭さであることがわかった。MiGが飛行場から目の届く範囲で活動しているのに対し，セイバーは金浦(キンポ)や大邱(テグ)の基地から鴨緑江(おうりょくこう)まで北上しなければならず，戦闘地域に滞在できる時間は数分に過ぎなかった。

頑丈で，回復力のあるハンター
ホーカー・ハンターF.Mk.5

WW645は，イギリス空軍向けにつくられたハンターF.Mk.1の最終機で，1954年中期から1957年秋まで，リューチャーズ基地の第43飛行隊“ファイティング・コックス”が運用した。イギリス空軍はグロスター・ミーティアF.Mk.8をハンターF.Mk.6に置き換えていった。

幅広の主脚車輪は主翼内に引き込まれる。

ハンターの胴体後方下部には，前方ヒンジ式のエアブレーキが付いている。空気流内に向けて下方に67度開くことで，機体を効率的に減速させる。

グロスター・ミーティアF.Mk.8は，1950年代初期のイギリス空軍の主力単座戦闘機であり，イスラエル（写真の機種），デンマーク，オーストラリアに輸出された。また，朝鮮戦争でも活動している。

ホーカー・ハンターF.Mk.5

タイプ：単座迎撃戦闘機
推進装置：35.59kNのアームストロング・シドレー・サファイア101ターボジェット1基
最大速度：978km/h（高度11,000m）
初期上昇率：13,720mまで8分
航続距離：715km
実用上昇限度：15,240m
空虚重量：5,689kg；搭載時“クリーン”重量：7,756kg；最大離陸重量：10,886kg
武装：アデン30mm機関砲4門，AIM-9サイドワインダー4発あるいはAGM-65マーベリック4発など
寸法：全幅10.29m
全長13.98m
全高4.01m
主翼面積32.42m^2

哨戒時間を延ばすためには，比較的低い対気速度で飛行し，燃料を節約しなければならず，セイバーは不利な状況に置かれた。MiGはこの弱点を突いて，音速に近い速度で上空から攻撃し，セイバーが速度を上げる前に離脱した。これに対抗するため，セイバーは4機のF-86を5分の間を置いて高速で戦闘地域に送り込むという新たな戦術を採用した。以降の戦闘では，ほぼ常にMiGが優位に立っていたが，セイバーは確実に制空権を確立していった。

航空優勢への挑戦

1951年6月までに，鴨緑江の北側にある飛行場群には約300機のMiG-15が配備されていたが，アメリカが韓国で保有していたセイバーはわずか44機だった。国連軍のパイロットにとって，敵の基地攻撃に鴨緑江を渡れないのは，相当ないらだちとフラストレーションの原因だった。しかし，空中戦では2対1の劣勢に立たされながらも，セイバーはなんとか持ちこたえた。1951年9月と10月に，アメリカ軍による北朝鮮空襲をMiGが初めて本格的に阻止することに成功し，状況は一進一退を繰り返していたが，1952年1月に第2のセイバー部隊である第51戦闘迎撃航空団が韓国に到着し，アメリカの状況は改善された。

朝鮮半島で戦っていたMiGのパイロットが，ほぼロシア人だったことが一般に知られるようになったのは，かなり後のことで，実際は40年近く経ってからだった。1950年後半，最初に満州へ派遣されたソ連の戦闘機部隊は，第151護衛戦闘師団（第28護衛戦闘連隊，第139護衛戦闘連隊）と第28戦闘師団（第67護

T.Mk.7は，ホーカー・ハンターの複座練習機型である。ほかにもハンターにはT.Mk.8，T.Mk.12，T.Mk.52，T.Mk.62，T.Mk.66，T.Mk.67，T.Mk.69といった複座型があった。

ランス・タイプの空中給油装置を付けたグロスター・ジャベリン全天候戦闘機の後期型。空中給油は戦闘行動半径を広げるのに一役買った。この写真からは，サファイアSa.7Rのアフターバーナー付き排気口がよく見える。

フランス原産のジェット戦闘機
ダッソー・ウーラガン

イスラエルのウーラガンはスエズ動乱（第二次中東戦争）勃発直後の1956年10月29日に，エジプトのバンパイア4機を撃墜した。

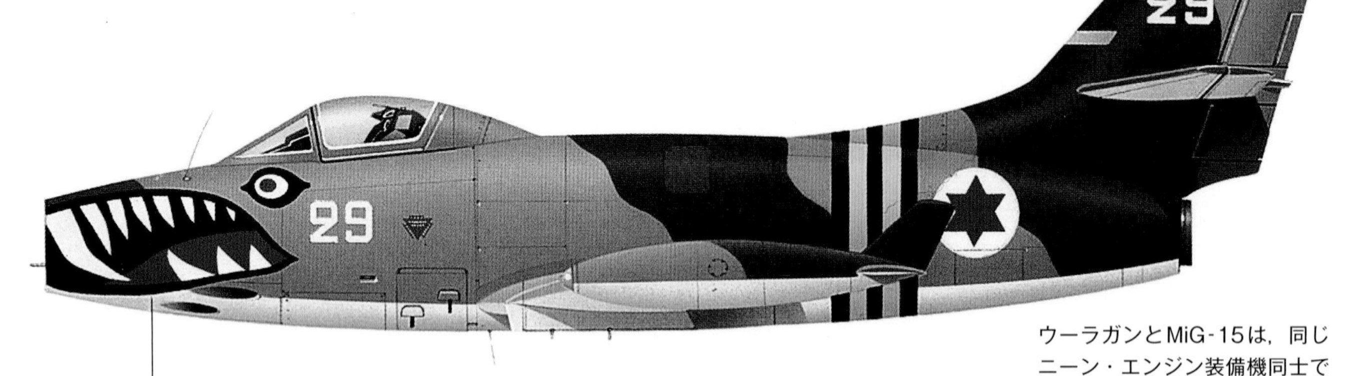

1956年にイスラエルがシナイ半島での作戦を繰り広げたとき，イスラエル空軍の攻撃部隊のダッソー・ウーラガンには，黄色と黒の識別マークとシャークトゥース（鮫の歯）マーキングが描かれていた。

ウーラガンとMiG-15は，同じニーン・エンジン装備機同士であり，中東の空で戦った。

ダッソー・ウーラガン

タイプ：単座戦闘／対地攻撃機
推進装置：22.6kNのイスパノ・スイザ・ニーン104Bターボジェット1基
最大速度：940km/h
フェリー航続距離：1,000km
実用上昇限度：15,000m
空虚重量：4,150kg；搭載時重量：7,600kg
武装：イスパノ404 20mm機関砲4門，主翼下ハードポイントに454kg爆弾2発，または105mmロケット弾16発，458Lナパームタンク2発
寸法：全幅13.2m
全長10.74m
全高4.15m
主翼面積23.80m^2

衛戦闘連隊，第139衛兵戦闘連隊）だった。1950年11月末，第151護衛戦闘師団と第28戦闘師団，第50戦闘師団を統合して第64戦闘軍団が創設されたが，12月には第28戦闘師団が中国中部に移され，MiG-15のパイロット養成を開始した。その後，第151護衛戦闘師団にも同様の任務が与えられ，年末の時点で韓国の空戦で活躍していたMiG-15部隊は，第29護衛戦闘連隊と第177戦闘連隊からなる第50戦闘師団だけになった。

第50師団は，中国国内でMiG-15bisを装備して最初に編成された部隊だった。1951年初頭，第50護衛戦闘師団がソ連に呼び戻された。同師団のMiG-15bisを引き継いだ第151護衛戦闘師団は，中国人民空軍の第3戦闘師団に旧型のMiGを譲渡して前線に立つことになった。1951年2月8日には第28戦闘連隊を，3月には第72戦闘連隊の2個中隊を安東（現在の丹東）に派遣した。

1951年4月，第151護衛戦闘師団は第64航空団の残りを鞍山に配備し，安東地区では第324戦闘師団に交代した。この部隊は第二次世界大戦でソ連と連合国の戦闘機パイロットとして最高の成績を収めたイワン・コゼドゥブ准将が指揮していたことを考えれば当然だが，非常によく訓練され，モチベーションも高

ダッソー・ミステールⅣは疑いなく当時最高の戦闘用航空機の一つだった。イスラエルは空軍のグロスター・ミーティアF.Mk.8の代替機として60機を購入し，1956年4月に1番機を受領した。

エジプトによるスエズ運河の国有化が引き起こしたスエズ動乱では，艦上戦闘機のホーカー・シーホークも大いに活動した。

かった。師団は62機のMiG-15bisを装備し，すぐにその存在感を示し始めた。満州に派遣されたソ連の航空師団はほかに第303師団と第324師団があった。

対地攻撃任務

国連軍は1952年を通して航空優勢を維持し，F-80は徐々に対地攻撃任務をF-84サンダージェットにとって代わられていった。1953年初夏に朝鮮戦争の休戦が現実味を帯びてくると，ジェット機同士の最後の戦いが繰り広げられ，一時的に共産党軍が再び攻勢に出た。朝鮮戦争最後の一発が撃たれるまでに，国連軍のパイロットは3年間の戦闘で900機の敵機を破壊したと主張。うち739機はセイバーのパイロットによるもので，セイバーの損失は78機だったと主張した。その後，その主張は379機のMiG-15に縮小され，セイバーの損失は106機に増加している。ソ連の記録では，335機のMiG-15の損失が認められているが，中国や北朝鮮のMiGを含めると550機にもなる。一方，ソ連とその同盟国は，サンダージェット27機，シューティングスター30機を含む国連軍271機のうち，F-86セイバー181機を破壊したと主張している。

MiG-15はイギリスの主要な防空戦闘機であるグロスター・ミーティアF.Mk.8の不備を明らかにした。グロスター・ミーティアF.Mk.8は，オーストラリア空軍第77飛行隊によって，戦闘機の護衛や，のちに地上攻撃にも使用されている。

ホーカー・ハンターとスーパーマリン・スイフトの2種類の新型後退翼艦上戦闘機は，ミーティアに代わる防空戦闘機として開発された。1951年7月20日と8月1日にそれぞれ試作機が飛行し，両タイプともイギリス空軍戦闘機コマンドのために「最優先」で生産が発注された。しかし，スイフトは主任務である高高度の迎撃任務には不向きで，きつい旋回時では，機関砲の発射時に空気取り入れ口に衝撃波が入り，その影響でエンジン停止が頻発することがわかった。その後，低空での戦闘偵察機としての役割を担うようになり，スイフトFR.Mk.5としてドイツの2個中隊に装備された。

1954年初頭に就役したハンターF.Mk.1は，高高度での射撃試験中にエンジン停止の問題に見舞われたため，搭載されたロールスロイスのエイボン・ターボジェットに改良が加えられた。合わせて燃料容量を増やし，翼下タンクを装備し，ハンターF.Mk.4が誕生した。F.Mk.4は，イギリス空軍に暫定的な戦闘機として供給されていたカナダ製F-86Eの後継となり，西ドイツ駐留の第2戦術空軍に配備された。

ハンターF.Mk.2と5はアームストロング・シドレー・サファイア・エンジンを搭載した派生型である。1953年，ホーカーはハンターに推力4,535kgの大型エンジン，エイボン203を搭載した。この機種はハンターF.Mk.6と名付けられ，1954年1月に初飛行した。1956年に納入が開始され，その後，F.Mk.6はイギリス空軍戦闘機コマンドの15個飛行隊に装備された。ハンターFGA.

イギリス海軍の空母に搭載されたデ・ハビランド・シーベノムと乗組員たち。シーベノムは，1956年のスエズ危機で艦隊航空隊がエジプトの飛行場を攻撃する際に，重要な役割を果たした。

ロケット弾で武装したリパブリックF-84Fサンダーストリークは，1950年代と1960年代に極めて優秀な戦術戦闘機であることを実証し，ギリシャとトルコでは1980年代初めまで就役していた。

Mk.9はF.Mk.6を対地攻撃用に改良したものである。

最後の昼間戦闘機

ハンターは，イギリス空軍最後の昼間戦闘機となった。1950年代末，イギリスの防空任務は，イギリス空軍の夜間戦闘機飛行隊が装備していたミーティア，バンパイア，ベノムの夜間戦闘機型の後継機種として開発されたグロスター・ジャベリンと分担していた。世界最初のジェット双発デルタという，当時としては極めて斬新だったジャベリンの試作機グロスターGA.5の製造は，1949年4月に開始され，2基のアームストロング・シドレーのサファイアを搭載して1952年11月26日に初飛行した。このエンジンは最初の量産型であるジャベリンFAW.Mk.1にも使われ，「最優先」事項としてイギリス空軍向けに量産発注された。イギリス空軍向けにいくつかのタイプがつくられ，最終型はジャベリンFAW.Mk.9だった。

1950年代初めにフランスは，ダッソー・ウーラガン（ウーラガンはハリケーンの意味）で独自設計のジェット戦闘機を実用化させ，大きな進展を見せた。1947年に自社資金により開発が始まったウーラガンの試作機は，1949年2月28日に初飛行した。

一切の無駄を排したウーラガン

は，イスパノ・スイザがライセンス生産したロールスロイス・ニーン102ターボジェット1基を搭載し，約350機という一定量の生産機が発注され，最初のフランス設計ジェット戦闘機となった。フランス空軍への引き渡しは1952年に開始された。ウーラガンはインドにも輸出され，インドではトゥーファニ（つむじ風の意味）と呼ばれている。また，イスラエルも75機を受領した。

1951年2月23日にダッソーMD452ミステールⅡCが初飛行した。これは，ウーラガンをそのまま後退翼機に発展させたものだった。フランス空軍はミステールⅡCを150機装備し，イスラエルも1954年～1955年にかけて購入を計画したが，この機種は事故が多く，初期の喪失機では構造的な破壊が起きていた。そのため代替機として，はるかに確実なミステールⅣの購入が決まり，当時最高の戦闘航空機の一つになった。

ミステールⅣAの試作機は1952年9月28日に初飛行し，初期の試験結果が有望だったことから，フランス政府は6カ月後の1953年4月に325機の量産機を発注した。この戦闘機はインドとイスラエルも購入し，イスラエル空軍では1956年4月に最初の60機がグロスター・ミーティアF.Mk.8と交代で空軍に就役した。

ロッキードF-94スターファイアは，T-33A練習機をもとにして全天候戦闘機に発展させたもので，T-33の量産機2機の機体フレームが，実用試作機YF-94に改修された。

小翼折り畳み式空中発射ロケット弾（FFAR）を，主翼端のポッドから連射するノースロップF-89Dスコーピオン。F-89Dに続いてF-89Hが製造され，このタイプはファルコン空対空ミサイルとMB-1ジニー空対空核ミサイルを搭載できた。

この時期のフランス戦闘機で，もう一つ重要な機種がシュド・エストS.O.4050ボーチュールである。全天候迎撃，近接航空支援，そして高高度爆撃という3通りの任務をこなすのが目的で設計されたS.O.4050ボーチュールは，1952年10月16日に初飛行した。まず，軽爆撃機型のボーチュールⅡB2と全天候迎撃型のボーチュールⅡNという2種類の量産型が発注され，最終型は爆撃偵察型のボーチュールⅡBRだった。また，近接航空支援型のボーチュールⅡAもつくられたが，フランス空軍は採用しなかった。しかし，イスラエルはこのタイプを4機のⅡNとともに20機を導入した。

不幸な冒険

イスラエルのウーラガンとミステールは，1956年10月，イスラエルがイギリス・フランスの連合軍とともに，スエズ運河の重要ポイントであるシナイ半島に侵攻したとき，

珍しいアングルのアブロ・カナダCF-100
全天候戦闘機。構想当時，北極圏を越えて
くるソ連の航空攻撃に対応できる長距離昼
夜間全天候迎撃機として設計された。

実戦で使用された。これは，その数カ月前にエジプトのナセル大統領がスエズ運河の国有化を企てた結果，引き起こされた攻撃だった。マルタとキプロスにあるイギリス空軍の基地からは，ヴィッカース・バリアント，イングリッシュ・エレクトリック・キャンベラ，さらにホーカー・シーホーク艦上戦闘機とウエストランド・ワイバーン戦闘爆撃機，イギリス空軍のベノムが，イスラエルとキプロスの基地からは，フランス空軍のF4UコルセアとF-84Fサンダージェットが出撃し，エジプトの飛行場を攻撃した。

また，いくつかのNATO諸国はサンダージェットを後退翼のF-84Gサンダーストリークに置き換え始めており，ヨーロッパのパイロットは後退翼戦闘機を経験し始めていた。このスエズでの活動でイスラエルから発進したF-84Fは，エジプト空軍のIℓ-28が集結していたルクソールの飛行場を攻撃し，多数を破壊した。

1950年代中期にソ連の爆撃機戦力は成長を続けていたため，アメリカ空軍は核武装した爆撃機部隊がアメリカ大陸の海岸線に達する前に迎撃できる長距離全天候型戦闘機を明確に要求していた。暫定的な手段として，セイバーの全天候型F-86Dが製造された。複雑な火器管制装置を備え，武装は機首下面に収納するロケット弾パックだった。ロッキードはF-94スターファイアを開発して1950年に就役させた。F-94は朝鮮戦争でも使用されている。ノースロップは，核弾頭を装着できるジニー空対空ミサイルを搭載できるF-89スコーピオンを製造した。

しかし，最も重要な機種を実用化させたのがカナダだったことを忘れてはならない。アブロ・カナダCF-100カナックがそれで，構想当時最大の戦闘機にして，北極圏を越えて侵攻してくるソ連の爆撃機を，長距離かつ昼夜間および全天候下で迎撃するよう設計された。CF-100の試作機であるCF-100 Mk.1は，1950年1月19日に初飛行し，量産型CF-100 Mk.3が100機，続いてCF-100

アブロ・カナダF-105アローは，この当時，世界で最も進んだ迎撃機だった。しかし，開発費が高騰したことと，アメリカがF-101Bをカナダ空軍の3個防衛飛行隊に供給することにしたため，アローは終焉を迎えた。

コンベアF-102デルタダガーは，1955年6月にアメリカの航空防衛コマンドに引き渡されたが，飛行隊に行き渡るには，さらに1年を要した。全部で875機が納入された。

Mk.4AとMk.4Bも計510機発注された。

後者はアブロ・カナダのオレンダ11エンジンを搭載した。このタイプはカナダ空軍の9個飛行隊が運用し，昼夜を問わず防空活動を続けた。CF-100の飛行隊はカナダのNATOに対する責務から西ドイツにも駐留し，最後の生産機となった53機のMk.5がベルギー空軍に引き渡された。

全天候迎撃機

CF-100は，1958年3月25日に初飛行したデルタ翼の全天候戦闘機CF-105アローと置き換えられることが計画された。2基のプラット&ホイットニーJ75ターボジェットを搭載し，最大マッハ2.0以上の速度を発揮した。さらに4機がCF-105 Mk.1の名称でつくられ，続いてオレンダPS-13エンジン装備のCF-105 Mk.2も製造に入ったが，それらがほぼ完成に近づいていた1959年2月に，計画は突如として中止された。CF-105は当時としては世界で最も進んだ迎撃機だったが，開発経費が巨額に膨らみ，アメリカ政府がカナダ空軍の3個防空飛行隊向けのF-101Bブードゥを提示したことで終焉を迎えた。作業自体はごく短い期間だったが，そこから得られた知識は，その後の航空機技術の発展に多大な貢献を果たしている。

マクダネルの複座全天候型ブードゥであるF-101Bは，超音速機のコンベアF-102Aデルタダガーとともにアメリカ防空コマンドの16個飛行隊に配備された。F-102は開発

1960年代にアメリカ航空防衛コマンドが装備した中で，最も重要な機種だったのはF-106Aで，防空専任の機種だった。この写真は，ニュージャージー州兵航空隊が運用した機体である。

段階でトラブルを抱えたが，改良型のF-106デルタダートがそれを補った。F-106最初の量産機は1959年6月に引き渡され，1962年の生産終了までに257機が製造されて13個迎撃飛行隊が装備した。1960年代初めには，F-106Aは防空コマンドに配備されていた中で，最も重要な機種となった。

またコンベア社は，世界初の実用超音速爆撃機の開発も担当していた。それは1956年11月11日に初飛行したB-58ハスラーである。従来のデザインを大胆に一新したデルタ翼機で，主翼前縁には円錐形に沿っ

モハベ砂漠上空を飛行するF-106Aデルタダート。B-1B超音速爆撃機に随伴するこの機体は，最後から2番目に就役を終えたF-106だ。

た曲げが付けられ，胴体にはエリアルールが適用されていた。エンジンは4基のターボジェットで，それぞれポッドに収めて主翼に取り付けられた。乗員3人は縦列のコクピットに収まり，超音速飛行時の脱出に耐えられるよう個別のカプセルに座った。兵器と燃料は胴体下面に装着する大きな投棄可能式ポッドに収めた。B-58はB-47の後継となるはずだったが，非常に複雑な機体で，事故率はぞっとするほど高かった。最終的にこの機種を装備したのは，第43および第305爆撃航空団だけだった。

戦闘機の潜在力

1958年，航空史上最も潜在的能力と多用途性のある戦闘機が初飛行した。1954年に出された，先進海軍戦闘機の要求に基づいてつくられたマクダネルXF4H-1試作機が，1958年5月27日に初飛行した。23機の開発機が調達され，さらにアメリカ海軍向けに45機が量産された。これらは当初，F4H-1Fと呼ばれたが，のちにF-4Aに変更された。

F-4BはJ79-GE-8エンジンを搭載した改良型だが，最初の4年間に多くの世界記録をつくっている。1960年には空母での試験が実施され，12月には訓練部隊である第21戦闘飛行隊に配備された。最初の実働飛行隊である第114戦闘飛行隊は1961年10月にF-4Bで編成を完結し，1962年6月にはアメリカ海兵隊に初めて引き渡され，第314海兵戦闘飛行隊の編成が始まった。F-4Bは計649機が製造された。

F-4Bのうち29機はアメリカ空軍に貸与されて評価作業に用いられ，空軍のどの戦闘爆撃機よりも能力が高いという結論が出された。すぐにアメリカ空軍型が発注され，当初はF-110Aと名付けられたが，のちに

アメリカ空軍で就役した最初の超音速爆撃機コンベアB-58ハスラーは，1956年11月に試作機が初飛行した。B-57の後継機となる計画だったが，装備したのは第43および第305爆撃航空団だけである。

通常爆弾を投下するF-4EファントムⅡ。これまでつくられた中で，最も能力が高く，また，多才な戦闘用航空機の一つである。マクダネル（のちにマクダネル・ダグラス，そして今はボーイング）F-4ファントムⅡは1954年に先進海軍戦闘機を目指した計画から誕生した。

ロッキードの「黒い淑女」U-2高高度偵察機。U-2は1956年から1960年5月1日にスベルドロフスク近郊で撃墜されるまで，ソ連やワルシャワ条約機構諸国の領空に入り込んで活動を続けていた。

F-4Cとなっている。アメリカ空軍への引き渡しは1963年に始まった。

RF-4BとRF-4Cはそれぞれアメリカ空軍とアメリカ海兵隊の偵察型で，F-4Dは基本的にF-4Cのシステム改良型としてレドームに設計変更が加えられている。主要な量産型となったのがF-4Eで，1967年10月から1976年12月にかけて，アメリカ空軍向けに913機が製造された。またF-4Eは合計で558機が輸出され，日本では140機がライセンス生産されている。その戦術偵察型がRF-4Eで，西ドイツ空軍向けに制空任務を主体にしたのがF-4F（175機製造）だが，多用途性も残されていた。F-4Eを改造して敵の防空制圧型としたのが，F-4Gワイルドウィーゼルである。海軍と海兵隊でF-4Bの後継となったのがF-4Jで，対地攻撃能力が大幅に向上した。552機が製造され，1976年6月から引き渡しが始まった。

ファントムⅡは大多数がアメリカ軍で就役したが，最初の海外供給国のイギリスを始めとするNATO諸国も装備し，日本などの同盟国にも引き渡された。

F-4がアメリカ海軍に就役した頃，アメリカは1962年10月に起きたキューバ危機に直面していた。ソ連がキューバ国内に中距離弾道ミサイルの配備を計画し，関連器材を運び込んでいることが偵察機の写真撮影で判明したのである。しかし，こうした偵察活動は大いに物議を醸した。1955年に初飛行したロッキードU-2偵察機は，1956年から繰り返しソ連上空で活動していたが，1960年5月1日に中央情報局のパイロットであるフランシス・G・パワーズの操縦するU-2が，ソ連のSA-2地対空ミサイルで撃墜されたのである。

HI
817
HI
831
839

第13章
冷戦後期

1958年には，アメリカ戦略航空コマンドはの地上警戒部隊を構築し，爆撃機の3分の1を常時戦闘可能な状態にする作業が順調に進んでいた。一方で，戦略航空コマンドは奇襲攻撃を受けても高い割合で爆撃機が生き残り，大規模な報復攻撃を行える状態にするための別の対策を講じていた。克服しなければならない最大の問題は過密で，1950年代に行われた大規模な拡張により，いくつかの基地では90機のB-47爆撃機と40機のKC-97空中給油機を支援していた。最初のB-52航空団も非常に規模が大きく，45機の爆撃機と15～20機のKC-135空中給油機が一つの基地に配置されていた。

この問題の解決策として，KC-97飛行隊をB-47の航空団から切り離し，北方の基地に移動させた。これはB-47の北極圏での活動を支援するため，戦略的に有利な場所だったからだ。この分散計画は長期的なもので，主に北極圏で活動するB-47を支援するためだった。計画自体は1950年代後半から1960年代前半にかけて，B-47の航空団を段階的に縮小することで達成される予定だった。

一方，B-52部隊はまだ増加しており，分散計画は大規模なB-52航空団を15機ずつ，同規模な三つの部隊に分割することになっていた。そのうち二つの部隊は戦略航空団と改称され，KC-135飛行隊を含む完全な支援部隊が与えられ，ほかの基地に移された。

イギリス空軍のV爆撃部隊は，アメリカの戦略航空コマンドのような，空中待機態勢を取ったことは一度もなく，奇襲対策として分散配置し，ときにはイギリス内外で36カ所の飛行場に4機ずつ配置されていた。爆撃部隊が核抑止力に対して有効であると確認するには，定期的に戦時体制の模擬テストを行う必要があった。たとえば「キンスマン」は通常の分散配置，「ミッキーフィン」は通告なしで昼夜を問わない分散，といったコードネームで訓練が行われた。

1962年2月にV部隊の準備状態は，爆撃機軍団即応警報（QRA）計画の発足によって，さらに改善された。当初は，V部隊の各飛行隊から1機ずつ特別に設計された作戦準備プラットフォーム（ORP）で武装状態を維持し，いつでもスクランブル発進をできるようにしていた。

ORPでは，スクランブル発進機は主滑走路に対して角度の付けられた滑走路を使用することになっていた，爆撃機はいつでも迅速に離陸できた。経験を重ねると，4機のバルカンがスクランブルの発令から90秒以内に滑走路を離れていくこともできた。

東西対決

東西対決の危険な時期に，幾度か危機が繰り返された。最も深刻だったのは1962年の秋，10月22日19時にアメリカ大統領ジョン・F・ケネディが行った，17分間のテレビ演説だった。ソ連（旧ソビエト連邦）の中距離弾道ミサイルと疑われるものがキューバで発見されたことと，キューバ周辺の海上封鎖をただちに実施することを，何も知らないアメリカ国民に発表した。二日後には攻撃型空母「エンタープライズ」「インディペンデンス」，対潜型空母「エセックス」「ランドルフ」など，封鎖部隊の艦船が海上に配置され，陸上哨戒機が常時パトロールした。

1962年10月のキューバ危機に際して，戦略航空コマンドは最上級の警戒態勢に入った。戦闘員は24時間の待機態勢に置かれ，休暇も取り消しになり呼び戻された。B-47はあらかじめ選ばれていた軍の基地や民間の飛行場に分散し，さらに追加の爆撃機や空中給油機が地上で待機態勢に入った。B-52の空中待機訓

◀1962年10月，アメリカ海軍のA-4スカイホークと編隊飛行する，ユタ州ヒル空軍基地配備のリパブリックF-105サンダーチーフ。どちらの機種もキューバのソ連施設を攻撃する準備態勢が取られていた。

1961年に初めて公表されたターボプロップのベリエフBe-12飛行艇。試作機は1960年に初飛行し，ソ連の主力海洋哨戒飛行艇だったBe-6と置き換えられていった。

練計画は実戦態勢に切り替えられ，B-52が着陸すると，完全武装で発進し，24時間の空中待機に入った。大陸間弾道ミサイル（ICBM）部隊は，ミサイル約200発が同様に待機態勢に置かれた。

もし戦争になっていたら，キューバのソ連施設を攻撃する先鋒は，10月21日にフロリダのマッコイ飛行場に展開した戦術航空コマンド第4戦術戦闘航空団のリパブリックF-105サンダーチーフになっただろう。第4戦術戦闘航空団は，配備翌日の午前4時に1時間の待機態勢に入り，午後には15分待機に短縮された。しかしF-105は国際的な話し合いが行われると態勢が緩和され，フロリダ半島南部でIℓ-28ジェット

初めて陸上発進型の長距離海洋偵察専用機として設計されたロッキード・ネプチューンは，最も就役期間が長かった軍用機の一つである。写真は日本の海上自衛隊が運用したP2V-7。

爆撃機を捜索するなどの防空任務を行うようになった。こうしている間にも，キューバではマクダネルRF-101ブードゥやロッキードU-2といった偵察機により，定期的に監視されていた。

キューバでのアメリカの武力行動に対して，ソ連の武力反発を真っ先に感じたであろうヨーロッパでは，イギリスの基地に配備されたアメリカ空軍のF-100スーパーセイバー戦術戦闘機と，イギリス空軍に配備されたソー中距離弾道ミサイル，そしてアメリカ製のMk28核弾頭を搭載したイギリス空軍のバリアント爆撃機が核警戒部隊となっていた。

隠された緊急事態

在ヨーロッパ・アメリカ空軍の指揮を執るトルーマン・H・ランドン大将と副司令官は，NATO欧州連合軍最高指揮官（SACEUR）のルイス・ノースタッド大将からキューバ情勢に関する説明を受け，10月22日午後3時（国際標準時）に，パリのオルリー飛行場で緊急会議を開いた。その直後，イギリスのエセックスにあるウェザーズフィールド基地とサフォークのレイクンヒース基地で，「隠された緊急事態」と呼ばれた手順が開始された。それらの基地には，核打撃能力を持つ第20および第48戦術戦闘航空団のF-100が配置されていた。

両基地の主要な隊員は，無線電話で常時連絡が取れるようにし，また任務地へ出頭するよう命じられた。全機ではないが多くの航空機が，戦域戦術核部隊として武装した。危機が深刻化すると，各戦術飛行隊は警戒態勢を引き上げた。より危機が深刻な状況になったときに，パイロットはコクピットに座ったまま待機を続け，機体には常時電源ユニットが接続され，兵器からはカバー類が外されて，エンジンはいつでもただちに始動できる態勢になった。

1962年10月25日，イギリス空軍爆撃機コマンドは，キューバ危機に関連して，アメリカの戦略航空コマンドから警戒態勢をデフコン2(全面戦争発生の危険性で上から2番目の高さ)に引き上げるよう促された。当時，爆撃機軍団は「ミック」演習と名付けた定期的な活動を行っており，緊急発進の訓練や武装手順を，航空機の分散化は行わずに訓練していた。それが，演習ではなくなり，すべての爆撃機飛行場が戦闘行動の準備に入るのである。稼働可能なすべての航空機と兵器，そして乗員が兵器システムの要素となって，一体化された。

10月26日には演習期間が延長され，爆撃機コマンドの緊急待機態勢と緊急発進手順などは，レベル3に引き上げられた。爆撃機の飛行場で勤務する民間人は自宅に帰され，他方で飛行場の警戒人員は倍増された。爆撃機コマンド司令部は，迅速な発進待機に就く爆撃機の機数を2倍にし，多くの基地で6機をその任務に就かせて15分待機の態勢に置いた。ただしワディントン基地だけは例外で，9機の完全武装したバルカンが15分待機に就いていた。

10月28日，危機に最初の大きな区切りがついた。ソ連政府が国連の検証を条件に，中距離弾道ミサイルをキューバから移設することに合意した。続く数日間，アメリカ戦略航空コマンドは，ミサイルが解体されて船に積み込まれ，戻っていくのを空から監視し続けた。搬出はソ連がIℓ-28を島から移動させることに合意した11月20日まで続き，戦略航

ロッキード・エレクトラ旅客機から発展したP-3(旧称P3-V)オライオンは，日本(写真の機体)を含めて，17の異なる軍・組織で運用された。2013年頃から後継機種の導入が始まっているが，その時点で就役期間は50年を超えている。

77機がつくられたアブロ・シャックルトンMR.Mk.1の初号機は，スコットランドのキンロス基地に所在したイギリス空軍第120飛行隊に対して，1951年4月に1番機が配備された。シャックルトンMR.Mk.2は下面にレドームがあり，MR.Mk.3は主翼と降着装置に設計変更が加えられて，尾輪式から前脚式の三脚になった。

空コマンドは警戒待機レベルを下げた。B-47は本拠地に戻り，地上の警戒待機機数は通常の50％に下がり，B-52部隊も普段通りの空中警戒待機と訓練活動を再開した。

キューバ危機が起きた頃，ソ連が軍事航空の分野で大きな進歩を遂げていることが明らかになった。モスクワ近郊のツシノで毎年行われる航空ショーでも，1961年5月にソ連が製造した超音速爆撃機を披露したことで，西側の見物人を驚かせた。この年，ツシノで初めて公開されたものの一つは，NATOが“ブラインダー”と名付けたツポレフTu-22で，Tu-16“バジャー”の超音速機の後継と見られた。ツシノで公開されたTu-22は先行量産機で，ドレン戦略航空軍への配備開始は，その翌年だった。最初の量産型は“ブラインダーA”だが，少数しかつくられていない。2番目のタイプが空中給油プローブを備えたTu-22K“ブラインダーB”で，のちにイラクに12機，リビアに24機が供給されている。

もう1機種，ツシノの航空ショーで儀礼飛行を行ったのは試作機だったが，MiG-21に守られた，4発の超音速爆撃機である。このミヤシチェフM-50は極めて進んだターボジェット動力の爆撃機で，超音速飛行能力があった。M-50は1959年11月に初飛行し，試作機が何機かはつくられたが，大陸間弾道ミサイル（ICBM）開発が優先され，開発は中止となった。

1961年のツシノ航空ショーには，ベリエフBe-12ターボプロップ飛行艇も登場し，NATOは“メイル”のコードネームを付与した。この機種は対潜作戦機としても高い能力があった。1960年代には，東西両陣営で原子力潜水艦が実用化されると，対潜作戦機の重要性が極めて高まった。

アメリカの対潜哨戒機

この当時，アメリカでは主に二つ

のタイプの対潜哨戒機が使われていた。一つはロッキードP2Vネプチューンで，長距離海洋哨戒任務専用に設計された世界初の陸上発進機である。のちにネプチューンは最も長期にわたって運用された軍用機の一つになる。試作機のXP2V-1の初号機は2機がつくられ，1945年5月17日に初飛行し，その時点ですでに15機の先行量産機と151機の量産型P2V-1の受注を得ていた。

アメリカ海軍への引き渡しは1947年3月に始まり，これは別タイプのP2V-2だった。続くタイプはエンジンが変更されたP2V-3で，P2V-4では主翼下に燃料タンクを携行するようになった。P2V-6（P-2F）ネプチューンは対潜哨戒任務に加えて機雷敷設も可能で，アメリカ海軍に83機，フランス海軍に12機が引き渡された。最終量産型となっ

デ・ハビランド・コメット4C旅客機から発展したニムロッドは，1967年5月23日に初飛行し，イギリス空軍の標準長距離海洋哨戒機シャックルトンの後継機となった。

たのがP2V-7である。

アメリカのもう一つの重要な対潜作戦機がロッキードP-3オライオンだ。ロッキード・エレクトラ旅客機から発展したもので，P-3（旧称P-3V-1）オライオンは，1958年にアメリカ海軍による既存機発展対潜哨戒機競争でロッキードが提案し，勝利した。2機の試作機のうち初号機のYP3V-1は，1958年8月19日に初飛行し，量産型P-3Aの引き渡しは1962年8月に始まった。決定版となったのが，1969年に登場したP-3Cである。オライオンは日本でもライセンス生産された。

イギリス空軍はリンカーン爆撃機の派生型であるアブロ・シャックルトンを運用していた。77機がつくられたシャックルトンMR.Mk.1は，1951年4月にスコットランドのキンロス基地の第120飛行隊に就役し

1952年11月3日に初飛行したサーブA-32ランセン（槍の意味）の試作機。エンジンはロールスロイス・エイボンRA7Aターボジェット。試作機はさらに3機つくられ，そのうちの1機は1953年10月25日に緩降下中に音速を突破した。

た。胴体下面にレドームを付けたMR.Mk.2，主翼を設計変更して主翼端に燃料タンクを付けるとともに降着装置を三脚の前脚式にしたMR.Mk.3もつくられ，さらにMR.Mk.3フェイズ3と呼ばれた機体では，外舷エンジンの外側に，アームストロング・シドレーのバイパー・ターボジェットが追加で装備された。

1969年10月から，シャックルトンはホーカー・シドレー・ニムロッドに置き換えられていった。コメット4Cから派生したニムロッドは，1967年5月23日に試作機が初飛行し，1969年10月に量産型ニムロッドMR.Mk.1の引き渡しが始まった。最初の38機は1969年から1972年の間に引き渡され，第236実用機転換部隊と5個の実働飛行隊に配備された。1975年にはさらに8機が引き渡され，そのうち3機は情報収集任務に転用されて，ニムロッドR.Mk.1と呼ばれた。1979年にニムロッド部隊には大幅な能力向上が行われ，MR.Mk.2仕様機には改良型の電子機器と兵器システムが導入された。1982年のフォークランド紛争後には，空中給油装置も装着された。ニムロッドの全部隊は2003年から2008年の間に，胴体部分だけを残して再構築され，新しい主翼と降着装置，BMW/ロールスロイスの燃費率に優れたエンジンなどを装備し，ニムロッドMRA.Mk.4として生まれ変わっている。

スウェーデンの技術

NATOとワルシャワ条約機構に挟まれたスウェーデンは，1950年代から1960年代にかけて，国防の中立性を保つため，世界最高級の航空機をいくつか生み出した。

スウェーデンがジェット時代に入ったのはサーブJ21Rからで，ピストン・エンジンの双ブーム戦闘機J21Aをジェット・エンジンにしたものだった。J21Rは1947年3月10日に初飛行したが，機体フレームに多くの改修が必要で，量産機の引き渡しが開始されたのは1949年になった。120機の発注も60機に減らされた。戦闘機として短い運用期間を経たのち，J21Rは攻撃機A21Rに転用された。この機種はピストン・エンジンとジェット・エンジンの両タイプで第一線機として使用された唯一の機種となった。J21RBに続いて開発されたのがサーブJ29で，第二次世界大戦後，西ヨーロッパで設計された最初の実用後退翼戦闘機で

サーブJ21は，戦闘機としての運用期間は短かったが，攻撃型A21Rに転用された。この機種は，ピストン・エンジンとジェット・エンジンの双方で，第一線機として実用化された唯一の戦闘機である。

スウェーデンの二重デルタの竜 サーブJ35ドラケン

サーブJ35ドラケンは，過去の技術から飛躍的に進歩させたもので，この機種が登場した当時は，西ヨーロッパの防空に完全に統合化された最高のコンポーネントとなった。

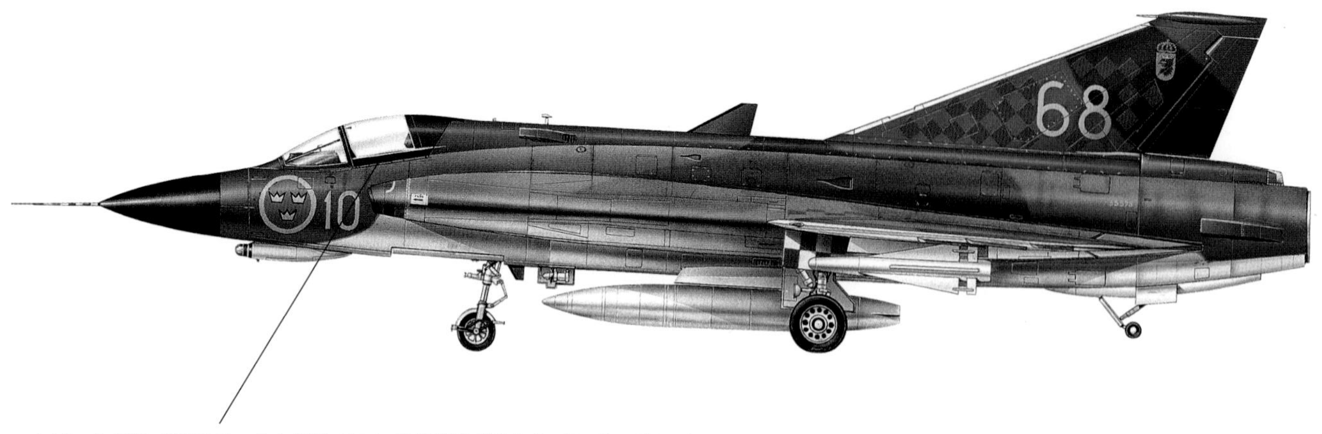

コクピットは狭く窮屈で，また極めて古い操縦技術が使われている。それでもJ35は飛ぶことへの挑戦があるからか，パイロットには人気がある。

サーブJ35Jドラケン

タイプ：単座迎撃機
推進装置：78.46kNのボルボ・フリグモーターRM6Cターボジェット（ロールスロイスRB.146エイボン300にボルボが設計したアフターバーナーを装着）1基
最大速度：マッハ2（高度11,000m）
戦闘行動半径：720km
実用上昇限度：20,000m
空虚重量：8,250kg；最大離陸重量：17,650kg
武装：30mmのアデンM･55機関砲2門（弾数各100発），Rb27ファルコン空対空ミサイル，Rb24サイドワインダーまたはRb28ファルコン空対空ミサイル，または2,900kgの兵器類
寸法：全幅9.40m
全長15.35m
全高3.89m
主翼面積49.20m²

ある。試作機は1948年9月1日に初飛行し，最初の量産型であるJ29Aは1951年に就役した。そのほかのタイプでは，燃料タンクの容量を増やしたJ29B，対地攻撃型としたA29があり，主翼下の兵器ラックを外したのが外形上の特徴である偵察型のS29Cもつくられた。

攻撃機

1946年秋にサーブは，スウェーデン空軍向けの新しいターボジェット動力攻撃機の研究に着手した。2年後にスウェーデン航空委員会が試作機の製造を認可し，P.1150と名付けられた。これがA32ランセン（槍）として知られることになり，ロールスロイス・エイボンRA7Rターボジェットを搭載し，1952年11月3日に初飛行した。さらに3機の試作機がつくられ，そのうちの1機は1953年10月25日に緩降下で飛行中にマッハ1を突破した。攻撃型のA32Aに続いて全天候戦闘機型のJ32Bがつくられ，1957年1月に初飛行した。

この間に，スウェーデンでは次世代戦闘機の設計作業が進められており，これまでの設計を吹き飛ばす大きな飛躍を遂げたサーブJ35ドラケンがつくられた。全天候・全高度の遷音速爆撃機を設計の出発点としたドラケンは，実用就役時に西ヨーロッパの防空システムと完璧に一体化したコンポーネントになっていた。3機がつくられた試作機は，独自の「二重デルタ」主翼を持ち，初号機が1955年10月25日に初飛行した。最初の量産型はJ35Aで，1960年初めに就役した。主要生産型となったのがJ35Fで，ヒューズHM-55ファルコン・レーダー誘導空対空ミサイルの運用を前提に設計され，改良型のS7B衝突経路射撃管制装置や，戦闘機をSTRIL60防空環境と一体化させる高性能データリンク装置，さらには機首にPS-01A捜索・測距レーダーを装備し，その下側には赤外線センサーを備えた。J35Cは複座の実用訓練機型で，それに戦闘機

型J35Dが続き，最後に新規で製造されたのがJ35Dの命中経路射撃管制装置，レーダー，赤外線センサーの能力を高めた発展型のJ35Dである。このタイプはヒューズのファルコン空対空ミサイルの運用が可能になった。サーブRF35は偵察型で，デンマーク空軍の第729飛行隊で運用されたが，1994年1月に経済的な理由で部隊は解隊し，第726飛行隊に任務が引き継がれた。ドラケンの総生産機数は約600機。スウェーデン空軍では17個飛行隊が装備したほか，フィンランドとデンマークも運用した。ドラケンは西ヨーロッパで運用配備された最初の超音速戦闘機である。

次にサーブが設計したのはビゲン（稲妻）で，大幅に進化したレーダー，より優れた速度・航続距離性能，そして高度な電子機器という，1970年代にヨーロッパでつくられたどの戦闘機よりも間違いなく進んだ機種だった。ビゲンは戦闘，攻撃，

1970年代に最も潜在力を備えていた戦闘用航空機の一つがサーブ37ビゲンで，攻撃，迎撃，偵察，訓練の四つの任務に使用できた。7機がつくられた試作機の初号機は，1967年2月8日に初飛行した。

フランスの輸出成功機
ダッソー・ミラージュⅢ

イスラエル空軍第101飛行隊所属のダッソー・ミラージュⅢCJ。1967年の六日戦争（第三次中東戦争）における初期の飛行場攻撃で，イスラエルのミラージュは自ら名声を勝ちとった。

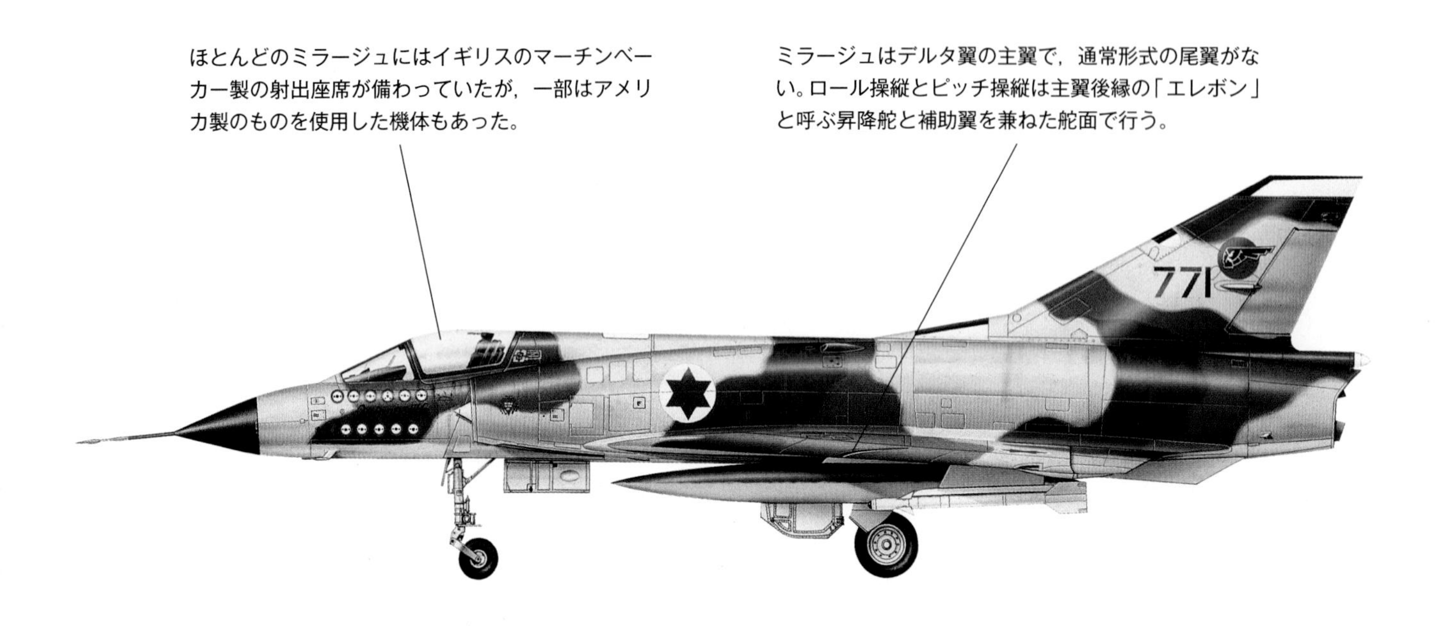

ほとんどのミラージュにはイギリスのマーチンベーカー製の射出座席が備わっていたが，一部はアメリカ製のものを使用した機体もあった。

ミラージュはデルタ翼の主翼で，通常形式の尾翼がない。ロール操縦とピッチ操縦は主翼後縁の「エレボン」と呼ぶ昇降舵と補助翼を兼ねた舵面で行う。

ダッソー・ミラージュⅢE

タイプ：単座戦闘機
推進装置：ドライ時41.97kN，アフターバーナー時60.80kNのSNECMA アター9C-3 1基と，14.71kNのSEPR844投棄可能式ロケット・ブースター1基
最大速度：2,350km/hまたはマッハ2.1
航続距離：2,400km
実用上昇限度：14,440m
空虚重量：7,050kg；搭載時重量：13,700kg
武装：30mmのDEFA552機関砲1門（弾数125発），ノール5103，マトラT.53，あるいはヒューズAIM-26ファルコン
寸法：全幅8.22m
全長15.03m
全高4.50m
主翼面積35.00m²

偵察，訓練の4任務をこなすよう設計された。前作のドラケンと同様にSTRIL60防空統制システムと完全に一体化されている。エンジンはプラット＆ホイットニーJT8Dターボファンのスウェーデン版で，独自に開発した強力なアフターバーナーにより，優れた加速力と上昇性能を得て，要求の一つにあったスウェーデンの高速道路から運用できるという要件を満たしている。

試作機は7機つくられ，初号機は1967年2月8日に初飛行し，最初の量産型で全天候攻撃型のAJ37は1971年2月に生産が開始された。110機のAJ37のうち1番機は，同年6月にスウェーデン空軍に引き渡された。ビゲンの迎撃型がJA37で，149機がつくられ，J35Fドラケンの後継となったSF37（26機引き渡し）は単座の武装写真偵察型である。SH37は全天候海洋偵察型で，これらはS32Cランセンの後任となった。SK37（18機引き渡し）は複座の訓練型だが，二義的な任務用として攻撃力があった。

フランスは最上級の戦闘用航空機の製造を続け，ダッソー・ミステールはミラージュⅢへと引き継がれた。

1954年につくられたミラージュⅠをベースにして開発したミラージュⅢは，1956年11月17日に初飛行し，1957年1月30日には，水平飛行でマッハ1.5を超えた。

補助ロケット

フランス政府はダッソーに対して多任務型のミラージュⅢAの開発を指示し，その試作機（ミラージュⅢA-01）は1958年5月12日に初飛行，1958年10月24日の試験飛行では高度12,500mでマッハ2を突破した。

1960年10月9日，最初の量産型であるミラージュⅢCは，ⅢAとほ

多面性のある“フレスコ”
ミコヤンMiG-17F“フレスコC”

インドネシア空軍のMiG-17。1960年代初頭，ソ連から供給されたインドネシアのジェット機は，マレーシアにとって深刻な脅威であった。

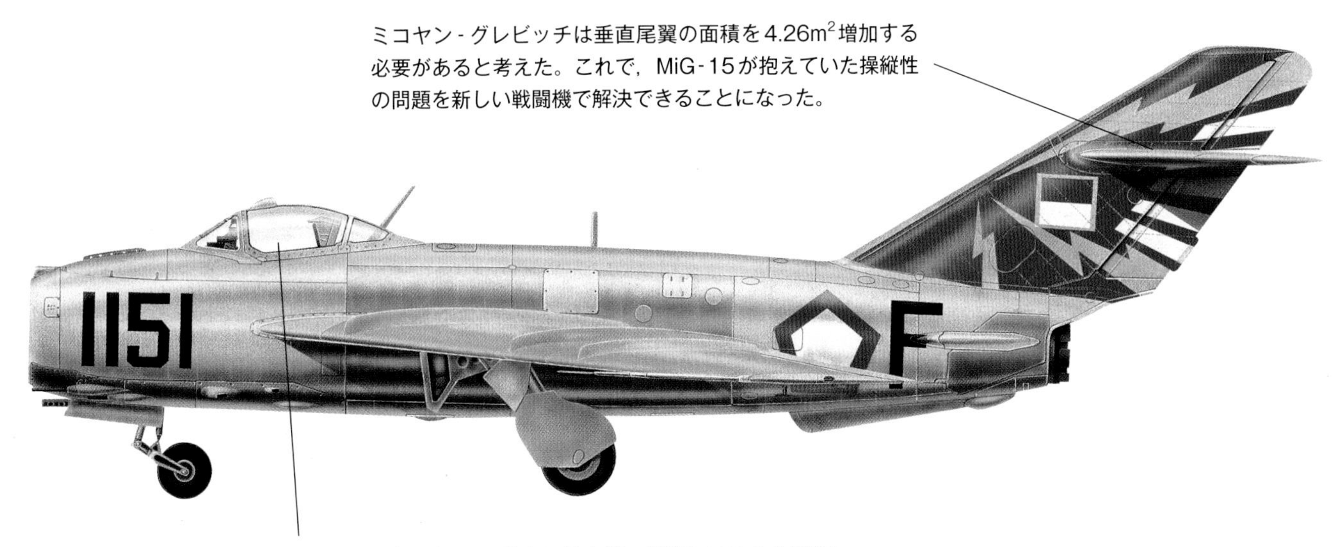

ミコヤン-グレビッチは垂直尾翼の面積を4.26m²増加する必要があると考えた。これで，MiG-15が抱えていた操縦性の問題を新しい戦闘機で解決できることになった。

ミコヤン-グレビッチは独自に航空機の脱出システムを開発し，MiG-17はその射出座席を備えた3番目の機種となった。

ぼ同じようにアター09B3ターボジェットとSEPR841または844補助ロケット・モーターを搭載した。フランス空軍はこのミラージュⅢCを100機発注した。この機種は広く輸出されて，供給を受けたイスラエルでは，のちにアラブ諸国との間の戦いで，1967年6月の六日戦争（第三次中東戦争）に代表されるように重要な役割を果たした。

アメリカがベトナム紛争に巻き込まれた1960年代，軍用航空における最も大きな発展はホーカー・シドレー・ハリアーに代表されるSTOVL機の開発であることは間違いない。垂直/短距離離着陸（V/STOL）機は戦後からの課題の一つで，ハリアーV/STOL戦闘攻撃機の歴史は，ホーカー・エアクラフトとブリストル・エアロ・エンジンズがBS53ペガサス・ターボファン・エンジンを使う航空機について，自社資金での研究を1957年に話し合ったことに端を発する。このエンジンの開発では二組の回転式排気口を用いて，一組が揚力を発生させることとされた。作業はアメリカも一部の資金を受け持ち，1959年に開始されて1960年には航空省がP.1127の名称で2機の試作機と4機の開発機の製造を発注した。その初号機は1960年10月21日に係留されてのホバリングを行い，1961年3月13日には通常の飛行試験を開始した。

1962年にイギリス，アメリカ，西ドイツは，今ではケストレルの名で知られる航空機を合同で9機発注し，1965年に評価作業を行う3共同の飛行隊をイギリスのウエスト・レイナムに設立した。これらのうち6機はのちにアメリカに送られ，さらなる試験に用いられている。単座型がイギリス空軍向けの近接航空支援機および偵察機として発注されるこ

ミコヤンMiG-17F“フレスコC”

タイプ：単座戦闘機
推進装置：33.2kNのクリモフVK-1Fアフターバーナー付きターボジェット1基
最大速度：1,100km/h（高度3,000m）
初期上昇率：3,900m/min
戦闘行動半径：700km（高-低-高ミッション，250kg爆弾2発）
実用上昇限度：16,600m
空虚重量：3,930kg；最大離陸重量：6,069kg
武装：23mmのNR-23機関砲2門，37mmのN-37D機関砲1門，加えて爆弾500kg
寸法：全幅9.63m
全長11.26m
全高3.80m
主翼面積22.60m²

とになり，ハリアーGR.Mk.1の名称で1967年12月28日，ついに初期の77機が発注された。1969年4月1日にハリアーはウィッタリング基地のハリアー実用機転換部隊に，続いて同基地の第1飛行隊，そして西ドイツ駐留の第3，第4，第20飛行隊に配備された。アメリカ海兵隊もこの機種を採用し，マクダネル・ダグラスが製造してAV-8Aの名称が付けられた。

ハリアーが短距離の打撃/攻撃任務で就役する一方で，国際協調を象徴する航空機も誕生した。イギリスのブリティッシュ・エアクラフトとフランスのブレゲー（のちにダッソー・ブレゲー。現ダッソー）が，SEPECAT（戦闘および戦術攻撃のヨーロッパ共同製造社）の旗頭のもとで，当初予定していた以上に強力で効果的な航空機であるジャギュアを開発した。フランス製の初号機が1968年9月に初飛行し，この機体は複座のE型として，フランス空軍がまず40機を発注した。E型に続いて単座のジャギュアA戦術支援型が1969年3月に飛行し，E型の引き渡しは1972年5月から開始され，1973年には160機のジャギュアAの引き渡しも始められた。

イギリス向けでジャギュアS（打撃）およびジャギュアB（訓練）と呼ばれたタイプは，前者が1969年10月12日に，後者が1971年8月30日に初飛行し，イギリス空軍ではそれぞれジャギュアGR.Mk.1，ジャギュアT.Mk.2と呼ばれた。ヨーロッパの国際共同は，遅くともこの時点で始まった。

勝利の確信

1964年8月5日にトンキン湾で起きた北ベトナムの魚雷艇によるアメリカ海軍艦艇への攻撃に対抗し，アメリカはこの魚雷艇4隻と石油貯蔵施設を攻撃した。これがアメリカによる北ベトナム上空での航空戦の発端であり，当初からF-4ファントムIIは，北ベトナムが装備していると知られていたMiG-17を撃退するため，戦闘空中哨戒を行い，すぐに手強い相手であることを知らしめた。アメリカが最初に確認した撃墜は1965年6月17日で，空母「ミッド

MiG-21は一流の格闘戦闘機で，その敏捷性や速度はパイロットに賞賛された。同世代の戦闘機並みの航続力はなかったが，それまでにつくられた戦闘機の中で最高の存在という評判を得た。

ベトナム戦争において，空中給油はリパブリックF-105サンダーチーフのような機種を，任務後に安全に基地へ帰投させるために不可欠な手段だった。

イギリスとフランスの共同開発機であるジャギュア。輸出市場向けに開発されたジャギュア・インターナショナルもあり，エクアドル，ナイジェリア，インド，オマーン等が購入した。

空戦機動計測（ACMI）ポッドを装備したアメリカ海軍第13戦闘混成飛行隊（VFC-13）“ファイティング・セインツ”のA-4スカイホーク。

ウェー」に配置されていたVF-21ファントムⅡが，長射程のスパロー空対空ミサイルで2機のMiG-17を撃破したのが，アメリカの最初の勝利である。その数週間後，北ベトナム上空で戦闘地域に到着したばかりの第45戦術戦闘飛行隊のF-4C 2機が，2機のMiG-17を撃墜した。

1966年9月に北ベトナム空軍は“アトール”赤外線誘導空対空ミサイルで武装した一定数のMiG-21を受領し，ハノイ近くにある5カ所の基地に配備した。MiGのパイロットが使用した戦術は，低高度からズームアップで上昇し，F-105サンダーチーフのような重武装の戦闘爆撃機を攻撃するもので，戦闘爆撃機は生き残るために武装の投棄を余儀なくされた。サイドワインダー空対空ミサイルで武装したファントムⅡは，F-105よりも低高度を飛行できたので，渡り合うことができた。早い段階でMiGを発見できれば，それを迎え撃ち，速度と加速力の優位性を生かして敵機と交戦した。

リパブリックF-105Dサンダーチーフは，ファントムⅡとともにベトナム戦争でアメリカ空軍の主力戦闘爆撃機となり，特にベトナム北部の目標を攻撃した。1959年6月9日に初飛行したF-105Dは，翌年に戦術航空コマンドで就役し，当時世界で最も進んだ自動航法装置を備えていた。F-105Dは全部で610機が製造された。

当初は電子機器の不調により不人気だった。しかしベトナムでその価値が認識され，アメリカ空軍の打撃任務の70％以上を行い，任務中止率は1％にも満たなかった。単座戦闘爆撃機としては，世界最大で最重量のF-105は，激しい戦闘でも損傷を吸収できる能力があり，被害を受けても基地に戻ることができた。

しかし，ベトナムでの作戦行動で

397機が失われている。複座型はF-105Fが143機製造され，完全な作戦能力を発揮して，少数のF-105Dとともに飛行隊に配備された。ベトナムではF-105Fは繰り返し，打撃部隊を先導し，正確な航法で目標に導いた。F-105Fはサンダーチーフの中で初めて「ワイルドウィーゼル」と呼ばれる防空制圧の役割を担った機体だ。防空制圧装置を改良したF-105FはF-105Gと命名された。

ベトナム戦争におけるアメリカ海軍の主力機は，1956年から就役していた艦上攻撃機のダグラスA-4スカイホークで，1964年のトンキン湾事件に対する報復空襲から1968年まで，海軍の対北ベトナム攻撃の一翼を担った。大型空母ではボートのA-7コルセアⅡにとって代わられたが，小型空母ではアメリカが撤退するまでスカイホークが活躍した。長く活発な戦闘経歴の結果，ベトナム戦争で失われたスカイホークの数はほかの海軍機よりも多い。

ヘリコプターが本領を発揮したのはベトナム戦争だった。この戦いでヘリコプターはガンシップや戦場偵察ヘリなどに発展し，捜索救難活動の技術を最大限に磨き上げた。アメリカ空軍がベトナムで行った任務の多くは，危険なものだった。大型のシコルスキーHH-3E救難ヘリは，“ジョリーグリーン・ジャイアント”のあだ名で親しまれた。これらのヘリコプターは，北ベトナムへの空爆である「外地戦」で撃墜されたパイロットを助けるために使用された。

ベトナムの偵察

ベトナム戦争での偵察活動はロッキードU-2で始まり，さまざまな機種が使われた。その代表的な機種が，ノースアメリカンRA-5Cビジランティで，当初は海軍の重攻撃用爆撃機として開発された。1958年に初飛行したビジランティは，攻撃爆撃機としての戦歴は比較的短く，A-5AとA-5Bの機体の大部分はRA-5C偵察機の構成に変更された。RA-5Cは1964年1月に初飛行した。RA-5Cは1964年1月に初めて納入され，10機のRA-5C飛行隊のうち8機がベトナムで使用された。RA-5Cはベトナムで活躍したため，

シコルスキーHH-3Eジョリーグリーン・ジャイアント救難ヘリコプター。ベトナム戦争では，こうした大型ヘリコプターの乗員は大きなリスクを背負いながら敵陣に入り，墜落した航空機の乗員を救出して安全に運んだ。

1969年に生産ラインが再開され，48機が追加生産された。任務中に18機が失われた。

1968年春には，U-2Bの地対空ミサイルに対する脆弱さが浮き彫りになった。そのため，東南アジアでの活動用として嘉手納基地にロッキードSR-71の配備が始まった。高度24,385mで最大速度3,220km/h，航続距離4,800kmという抜きん出た飛行性能は，敵のSA-2“ガイドライン”地対空ミサイルをものともしなかった。

ベトナムでSR-71が初めて行った任務は1968年4月で，以後，週に最大で3回行われた。アメリカのベトナム戦争は，史上最大規模の空輸作戦がなければ維持できなかった。広い戦場ではボーイングCH-47チヌークなどの輸送ヘリコプターが使用され，空輸の主体はロッキードC-130ハーキュリーズがその活動を支えた。1954年8月23日に初飛行したC-130ハーキュリーズは，最も汎用性の高い戦術的輸送機であることに疑いの余地はなく，その後半世紀にわたってさまざまな派生型が生産された。初期の生産型はC-130AとC-130-Bで，461機が製造され，その後，主要な生産型であるC-130Eが510機製造された。ほかにもガンシップ機のAC-130E，天候偵察型のWC-130E，アメリカ海兵隊の強襲支援・空中給油型のKC-130F，航空救難・回収型のHC-130Hなどがある。

空輸

長距離空輸活動を受け持ったのは，ボーイング707旅客機のもととなったボーイングC-135ストラトリフターと，ロッキードC-141スターリフターである。1963年12月17日に初飛行したスターリフターは，アメリカ空軍の軍輸送部向けで，全地球規模の高速空輸と戦略展開を可能にする重戦略輸送機として設計された。この機種は最終的に軍事空

ノースアメリカンのA-5ビジランティは巨大な機体で，海軍の役割には不向きだったが，すぐに偵察用のプラットフォームとして第2の人生を歩むことになった。

SR-71として知られる機種は，本来RS（偵察システム）71だったが，リンドン・B・ジョンソン大統領がこの秘密計画を初めて公表した際に，誤ってSR-71と呼んでしまい，この名称に変わった。

輸コマンドの13個飛行隊に配備され，合計277機がつくられた。

ベトナム戦争が進展すると地対空ミサイルの環境下で，軍用機の生存性が低下していることが明らかになった。たとえば，1972年12月に行われた北ベトナムへの長距離爆撃では，15機のB-52が，電子妨害を使用したにもかかわらずSA-2に撃墜された。

六日戦争

アメリカがベトナムで戦っている最中，1967年6月5日に，イスラエルの軍用機がシナイ半島やスエズ運河周辺のエジプト軍飛行場に，激しい黎明攻撃を仕掛け，エジプトとその同盟国の戦力を無力化した。

ヨルダン，シリア，イラクも攻撃を受けた。この日の終わりまでにイスラエルは約1,000回出撃し，20機を失ったが，いずれも地上からの対空射撃によるものだった。

アラブ側の喪失は全部で308機に上り，そのうち240機がエジプト軍で，空中戦で30機が撃墜された。

この攻撃はのちに六日戦争として呼ばれ，ダッソーが製造し堅調に輸出されたミラージュⅢが，ここでも優れた戦闘力を示した。

シナイ半島のゴラン高原とヨルダン川西岸地区での地上活動は，フーガ・マジステール軽攻撃機やダッソー・ウーラガン，ミステールⅣA，シュペル・ミステールB.2といった機種に支援され，6月10日に国連が停戦の仲介に入った時点で，アラブ側は有効戦力の43％に相当する353機の航空機を失い，イスラエル空軍は有効戦力の10%強にあたる31機を失った。このことはイスラエルが航空優勢を確立し，地上で敵航空機の大多数を破壊するという，最も効果的な戦闘を行ったことを示している。

第二次世界大戦末期，ドイツ軍は同様の結果を得ようとしていた。1945年1月1日，アルデンヌ地方で停滞した攻勢を支援するため，ヨーロッパ北西部の連合軍飛行場を大規模に攻撃するボーデンプラッテ（ベースプレート）作戦を開始した。イスラエル軍と同様に，ドイツ軍は完全な奇襲を行い，地上で約300機の連合軍航空機を破壊したが，一方で攻撃部隊の約3分の1を失った。そのほとんどが通信不良による友軍の攻撃によって破壊された。

イスラエルの攻撃は慎重に立案され，かつ水際だって実行され，抜かりはなかった。そして成功した。主な脅威となったのは，エジプトが配備を始めたばかりのSA-2“ガイドライン”地対空ミサイルで，速やかに取り除く必要があった。アメリカがベトナムでこの兵器から得た教訓を，イスラエルは吸収していた。

ヨム・キプル（贖罪の日）

六日戦争までにイスラエルは2種類の新しい軍用機を受領していた。F-4ファントムⅡと，A-4スカイホークである。どちらもベトナムで大成

ボーイング・バートルCH-47チヌークはベトナムで貴重な空輸要素として使われ，それは2度の湾岸戦争でも同じだった。チヌークは最悪の環境でも傑出した信頼性を発揮する。

世界の空軍の屋台骨
ロッキードC-130ハーキュリーズ

これまでにつくられた戦術輸送機の中で，間違いなく多用途性に富むロッキードC-130ハーキュリーズは，1954年8月23日に初飛行し，半世紀以上にわたってつくられ続けている。イギリス空軍は80機を導入し，ハーキュリーズ2番目の大手ユーザーとなっている。

広く高い位置に置かれた操縦室は，視認性に優れ，従来の輸送機と比べて大幅に改善された。さらに，静かで振動もない。

アリソンT56エンジンには，4枚ブレードのプロペラが付けられている。

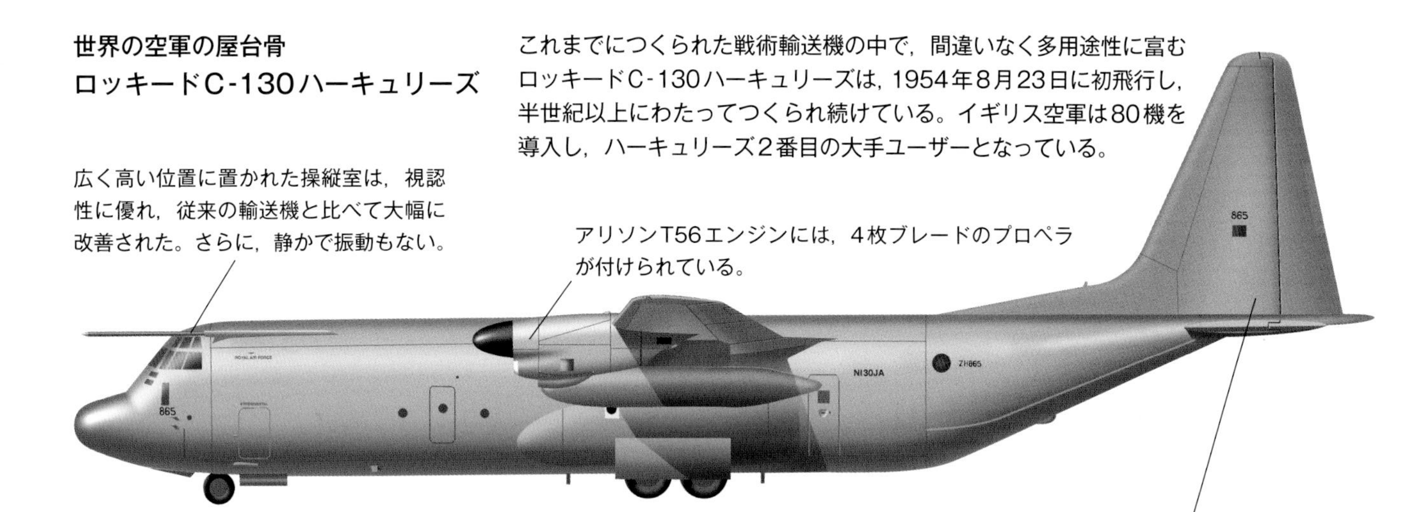

高く上がった尾部により，後部ランプ扉を開いて戦闘域に物資が投下できる。

ロッキードC-130Aハーキュリーズ

タイプ：4発軍用輸送機
推進装置：2,796kWのアリソンT56-A-9ターボプロップ・エンジン4基
最大速度：616km/h
巡航速度：528km/h
初期上昇率：783m/min
航続距離：4,110km
実用上昇限度：12,590m
空虚重量：26,911kg；搭載時重量：48,988kg
寸法：全幅40.41m
全長29.79m
全高11.66m
主翼面積162.12m^2

ハーキュリーズの主要生産型は，510機が製造されたC-130Eである。輸送型以外にもガンシップ型のAC-130，天候偵察型のWC-130，海兵隊の強襲支援・空中給油型のKC-130，航空救難・回収型のHC-130などがある。

C-135は輸送機としての本来の役割に加え，他の重要な役割も担った。写真はレーザー通信技術を評価するために特別に設計された，2機の試験機の一つである。

功を収めていた。

イスラエル空軍のファントムⅡは，1969年に初めて実戦に投入され，スエズ運河西岸に配置されていたエジプトの砲兵陣地に対する一連の攻撃を実施した。その後，攻撃部隊は，運河地帯にあるエジプトのミサイルやレーダーの拠点を組織的に破壊した。スエズ運河とカイロの間の幅18マイル（30km）の防衛境界線に沿って配置された施設，戦略道路も破壊した。

ソ連はMiG-21をさらに数個飛行隊分供給して，エジプトの防空力を強化したが，敵との航空戦は熾烈なものになった。1970年7月30日，4機のファントムⅡからなる編隊が，スエズ湾上空で16機のMiG-21に攻

また，1973年9月23日には，ミラージュとファントムⅡがシリアのMiG-21と交戦し，13機を撃墜したが，ミラージュ1機を失った。

しかし，イスラエルにも厳しい試練はあった。1973年10月6日，ユダヤ教最大の祝日であるヨム・キプル（贖罪の日）に，エジプトが約70,000人の兵力を投入し，400両の戦車とともにスエズ運河のイスラエル軍に奇襲を仕掛けてきたのである。同時にシリア軍がゴラン高原を攻撃した。エジプト軍による地上攻撃の支援のために，250機ともいわれるMiG-21とSu-7がシナイ半島にあるイスラエルの航空基地，レーダーおよびミサイル陣地を攻撃した。

イスラエル側もあらゆる航空戦力を駆使して強力に反撃したが，空軍は今や恐るべき防空兵器群に立ち向かわなければならなかった。固定式のSA-2，SA-3ミサイル陣地に加え，移動式のSA-6地対空ミサイル・システムや，レーダー制御の23mm機関砲を4門搭載したZSU-23-4追尾式対空砲システムが投入された。イスラエル空軍のファントムⅡは主に防衛阻止の役割で使用され，大きな損失を被った。主にこれは比較的平坦な地形のため，低空で攻撃を行う航空機がカバーされなかったためである。

新しい戦術

イスラエルのパイロットは，地対空ミサイル陣地に機体を急降下させるという新しい戦術を採用し，低角度で発射されるミサイルの軌道から外れるようにしていたが，不幸にもこれによって対空砲の射程内に入ってしまい，実際にイスラエル軍の損失の大半は対空機関砲によるものだった。最初の1週間でイスラエル空軍は80機以上の航空機を失ったが，そのほとんどが地対空ミサイルと高射砲の犠牲となり，2週目には撃墜されたが，エジプト（あるいはソ連）のパイロットは，ミラージュの上空直掩を見落としていた。その後の戦闘でミラージュとファントムⅡは5機のMiGを撃墜したが，損失はなかったという。

アメリカ空軍へのC-141の引き渡しは1965年4月に始まり，277機を軍事空輸コマンドの13個飛行隊が運用した。

ワルシャワ条約機構の戦闘機
スホーイSu-7B“フィッターA”

イラストは，チェコスロバキア空軍のスホーイSu-7BMK。Su-7は1956年に初めて公開され，ソ連の前線航空隊で近接支援機となり，ワルシャワ条約機構諸国では1960年代を通して，標準的な戦術戦闘爆撃機だった。

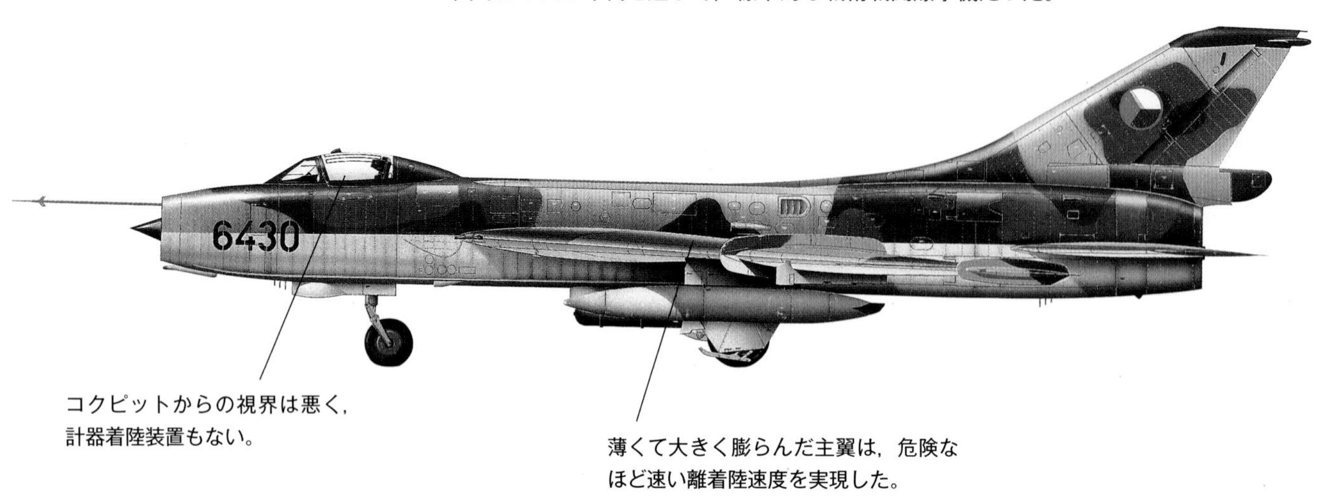

コクピットからの視界は悪く，計器着陸装置もない。

薄くて大きく膨らんだ主翼は，危険なほど速い離着陸速度を実現した。

スホーイSu-7B“フィッターA”

タイプ：対地攻撃機

推進装置：ドライ時66.6kN，アフターバーナー時94.1kNのリューリカAL-7Fターボジェット1基

最大速度：2,150km/h

航続距離：1,650km

実用上昇限度：17,600m

空虚重量：8,890kg；搭載時重量：13,570kg

武装：30mmのNR-30機関砲2門（弾数各70発），500kg爆弾2発，機外パイロン4個あるいは胴体パイロンに増槽2本

寸法：全幅8.93m
全長17.37m
全高4.70m
主翼面積34.00m²

さらに38機を失った。

シリアに対しては優勢だったことから，イスラエルはエジプトに対する反撃に全力を注ぎ，スエズ運河を越えて戦力を前進させ，エジプトの第10陸軍を包囲した。その後10月24日，国連で停戦が合意された。

イスラエル空軍は全部で118機，エジプト空軍が113機，シリア空軍が149機の航空機をこの戦いで失った。シリアを支援したイラク空軍も21機を失っている。しかし，アラブとイスラエルは互いにまだ矛先を納めなかった。

航空優勢戦闘機

ベトナム上空の航空戦で，アメリカは一つの重要な教訓を得た。速度と技量は機動性に貢献せず，ミサイルは完全に機関砲を補い切れないということだ。超音速で戦い，また多様な任務をこなすよう設計されたF-4ファントムⅡは，すばしっこいMiG-17やMiG-21との比較的低速な旋回戦には不向きで，こうした接近戦用に20mm機関砲を再装備することになった。求められていたのは，専用の航空優勢戦闘機であり，接近戦で勝利するだけでなく，目視できない距離からミサイルを撃ち込むことができる，機動性の高い航空機である。

このような航空機の必要性が高まったのは，ソ連が画期的な新型迎撃機MiG-25を開発していると判明したからだ。1964年にはMiG-25の試作機が飛行しており，マッハ3.0の速度と，上昇限度21,350mというノースアメリカンの超音速爆撃機

MiG-25に搭載されているツマンスキーR-15エンジンは，フルアフターバーナーで219kN（49,409lbf）という驚異的な推力を発揮する。

マクダネル・ダグラスF-15イーグルは航空優勢任務向けに設計された。1972年7月27に飛行し，1976年，バージニア州のラングレー空軍基地に初めて実用機が引き渡された。写真の機体は日本の嘉手納基地のものである。

B-70に対抗するために設計されたようだ。1970年にMiG-25P（フォックスバット-A）という名称で迎撃機として就役した。

1965年，アメリカ空軍とアメリカの航空機メーカーは，F-4ファントムⅡに代わる航空機とそのシステムの実現に向けて協議を開始した。4年後にマクダネル・ダグラスが，FXと名付けられた新型機の主な機体契約者に選ばれたことが発表された。F-15Aイーグルとして1972年7月27日に初飛行し，1976年にアメリカ空軍に運用機が初めて納入された。

F-15が成功した秘訣は，その主翼にある。主要な迎撃型であるF-15Cは主翼の1平方フィート当たりの重量がわずか24kgで，これに2基のプラット＆ホイットニーF100先端技術ターボファンによる1.3：1という大きな戦闘時推力重量比の組み合わせで，比類のない旋回能力がもたらされている。

また，大推力重量比はスクランブ

ル時に183mをわずか6秒で滑走して離陸できた。マッハ2.5を超える最大速度性能を達成し，パイロットが交戦から離脱する余裕もあった。基本兵装は最大射程56kmのAIM-7スパロー・レーダー誘導空対空ミサイル4発である。加えて4発のAIM-9Lサイドワインダー短射程空対空ミサイルとジェネラル・エレクトリックの20mm M61 6砲身回転式機関砲をバックアップとして装備することで，接近した格闘戦闘も可能にしている。さらにヒューズのパルス・ドップラー・レーダーの各種モードにより，F-15は極めて強力な戦闘機になった。

軽量戦闘機

湾岸戦争で活躍したもう一つのアメリカ軍戦闘機は，ロッキード・マーチンのF-16ファイティング・ファルコンである。F-16はジェネラル・ダイナミックスが設計・製造し，1972年にアメリカ空軍が要求した軽量戦闘機に端を発し，1974年2月に初飛行した。ロッキード・マーチンが製造したF-16ファイティング・ファルコンは，その後世界で最も多く製造された戦闘機となり，21世紀に入っても継続的に改良されている。

アメリカ海軍の制空戦闘機は，グラマンF-14トムキャットである。この戦闘機は当初から空母機動部隊の周辺で完全な制空権を確立し，副次的に戦術目標を攻撃するために設計された強力な迎撃機だ。1969年1月，ファントムⅡに代わる次期空母搭載戦闘機（VFX）のコンテストで優勝したF-14Aの試作機は，1970年12月21日に初飛行し，その後11機の開発機が続いた。1972年夏には空母試験を終え，同年10月にはアメリカ海軍に納入が開始され，トムキャットは空母航空団の迎撃部隊で活躍した。トムキャットはプラッ

AIM-7スパロー空対空ミサイルを発射したボーイング（旧マクダネル・ダグラス）F-15Aイーグル。F-15は世界中で最も高速かつ強力な戦闘機であり，発展型のF-15Eも破壊力のある戦闘爆撃機だ。

現在はロッキード・マーチンが製造するF-16ファイティング・ファルコンは，大成功した戦闘機で，アメリカ空軍で2,000機以上が就役し，そのほかに2,000機以上が世界19カ国以上で使われた，世界で最も多く使用されている戦闘機だ。

ト＆ホイットニーTF30-P414ターボファンを2基搭載し，低空域での最高速度はマッハ1.2，高空域での最高速度はマッハ2.34を記録した。

F-15やグラマンF-14トムキャットに対抗して設計されたのが，ソ連の高機動戦闘機MiG-29“フルクラム”と，スホーイSu-27“フランカー”の2機種である。どちらも共通して，後退翼と40度というきつい角度の主翼前縁延長部，その下に空気取り入れ口を配置したアンダースロー型エンジン，2枚の垂直尾翼を有している。“フルクラムA”は，1985年に就役した。スホーイSu-27はF-15と同様に複合任務機である。主に制空権を握る任務に加えて，Su-24“フェンサー”のような深部攻

撃に使用できる発展型も作られている。1977年5月に試作機が初飛行して，NATOは“フランカー”のコードネームを付けた。1980年にはSu-27P“フランカーB”防空戦闘機の本格的な生産が開始されたが，本格的な運用は1984年である。

可変後退翼の概念は1970年代後半に多くの戦闘機の設計に採り入れられたが，決して新しいものではなかった。第二次世界大戦時のドイツによる最後のジェット戦闘機計画となったメッサーシュミットP.1101に適用され，戦後はベルX-5研究機で試された。艦上ジェット戦闘機ではグラマンXF10Fジャガーの設計にも見られ，1953年に試作機が飛行した。試作機は2機つくられたが，飛行したのはこの1機だけだった。

戦場支援型

1967年に試作機が初飛行したMiG-23は，1973年に東ドイツで配備されていたソ連の前線航空隊の攻撃部隊である第16航空陸軍に就役した。主翼後退角が，23度から71度の範囲で変わる可変後退翼の戦闘爆撃機で，ソ連空軍初の，真の多任務戦闘航空機だった。最初の量産型はMiG-23MF“フロッガーB”で，ワルシャワ条約機構の主要国すべてが装備した。1970年代末に就役したMiG-27は純粋な戦場支援型で，NATOは“フロッガーD”と命名した。

可変後退翼はアメリカでも設計に適用され，その航空機はベトナム戦争で初めて実戦使用され，NATOの打撃戦力で最も重要な機種になった。それが，1964年12月21日に初飛行したジェネラル・ダイナミックスF-111阻止/打撃機である。最初の実用型に続いて就役したF-111Eでは，空気取り入れ口が改修されて性能が向上し，最大速度はマッハ2.2を超えた。F-111Fは，F-111Eと，より強力なTF30-F-100エンジンを搭載した戦略爆撃機型FB-111Aの長所を組み合わせた戦闘爆撃機型である。F-111C（24機製造）はオーストラリア空軍向けの打撃型だ。

1965年にソ連政府はスホーイ設計局に対して，ジェネラル・ダイナミックスF-111と同クラスの可変後退翼を使った打撃航空機の研究を行うよう指示した。指定された要件

開発作業は多難だったが，可変後退翼を使用したF-14トムキャットは，あらゆる時代を通して最も強力な迎撃機の一つとなった。

モスクワのモニノにあるソ連空軍中央博物館で撮影されたスホーイSu-24“フェンサー”の試作機。試作機はT6-1と名付けられ，1967年に初飛行した。

の一つは，高性能化する防空システムを突破するため，超低空飛行が可能な新型航空機だった。その結果，誕生したのがSu-24で，1970年に初飛行し，最初の量産型“フェンサーA”が1974年に引き渡された。フェンサーにはいくつかのタイプがあり，その頂点が1986年に就役したSu-24M“フェンサーD”である。

もう一つの可変後退翼機が，トーネードである。これは1960年代に出された，予測できる限りの将来的なワルシャワ条約機構諸国の防御システムに対して，超低空飛行により昼夜間および全天候下の侵攻が可能で，多種の兵器を大量に搭載できる打撃偵察機という要求に基づいたものである。

製造・開発のために，パナビアと名付けられた国際合弁企業が設立された。ブリティッシュ・エアクラフト社（のちにブリティッシュ・エアロスペース），メッサーシュミット・ベルコウ・ブローム（MBB），アエリタリアが参加し，また多くの下請け業者がかかわった。もう一つは，ロールスロイスとMTUおよびフィアットが別の国際合弁企業ターボユニオンを設立し，トーネード用のRB199ターボファン・エンジンを製造した。

9機の試作機がつくられたトーネード阻止攻撃型（IDS）のうち，初号機は1974年8月14日に初飛行した。イギリス空軍は229機をトーネードGR.Mk.1打撃機として受領し，ドイツ空軍も212機，ドイツ海軍は112機，そしてイタリア空軍が100機を導入した。トーネードは1991年の湾岸戦争に投入されている。

トーネードGR.Mk.1Aは胴体の中心線に偵察ポッドを携行でき，1999年から引き渡しが始まった。GR.Mk.4はシーイーグル空対艦ミサイルを搭載できる対艦攻撃型で，それに偵察能力を付与したのがGR.Mk.4Aである。

効果的な迎撃機

1971年にイギリス国防省は，航空運用仕様書395を発行し，イングリッシュ・エレクトリックのライトニングおよびファントムに代わる，最小の変更，最小のコストで効果的な，イギリス本土防空迎撃機をつくるという要求を示した。これにより誕生したのがトーネードの防空型（ADV）で，イギリス空軍とイタリア空軍，そしてサウジアラビア空軍で就役した。

冷戦時代，ワルシャワ条約機構の大規模な装甲部隊がドイツ北部の平原を攻撃するという脅威が常に存在し，それに対抗する手段が最優先され，長さ457m以下の未整理な短い

スホーイのSu-27が初めて西側諸国の人々に公開されたとき，空力的に奇跡的な機体と称された。「コブラ」のような目を見張る機動を可能にする驚異的な敏捷性は，どんな空中戦においても危険な相手となる。

後退角を23度から71度の範囲で変えられる可変後退翼戦闘爆撃機のMiG-23は，ソ連最初にして真の汎用戦闘航空機であった。

滑走路で運用できるように設計された対戦車専用機，フェアチャイルド・リパブリックA-10サンダーボルトⅡが開発された。

1977年3月，サウスカロライナ州マートルビーチ基地の第354戦術戦闘航空団に納入が開始された。アメリカ空軍は受領した727機を，ヨーロッパでの作戦に重点を置いた戦術戦闘航空団に配備した。本機の作戦は2機のA-10が相互に支援し合い，3～5kmの範囲をカバーすることで1機目のパイロットが目標に向けて射撃したのち，2機目が素早く攻撃するというものだった。30mm機関砲の弾倉には，10～15回の射撃に十分な弾数が搭載されていた。

通常，A-10はアメリカ陸軍のヘリコプターと連携して活動する。ヘリコプターは，まず機甲部隊とともに進軍する可動式地対空ミサイルや対空機関砲システムを攻撃し，少なくとも一部を無力化し，能力を低下させる。そしてA-10は自由に戦車に集中砲火を浴びせられる。12年後の1991年に起こった湾岸戦争では，この戦術が敵に対して致命的な効果を発揮した。

A-10に相当するソ連の攻撃機が，スホーイSu-25“フロッグフット”である。単座の近接航空支援型であるSu-25Kは1978年に配備が開始され，ソ連がアフガニスタンに侵攻した際にも活躍した。アフガニスタン紛争の教訓から，スティンガーなどの武器に対抗するための防御システムを改良したSu-25Tと呼ばれる改良型が製造された。エンジン収納部の間と燃料電池の下に，厚さ数ミリの鉄板を挿入するなど改良が施された。この改修後，携行式地対空ミサイルでSu-25が失われることはなくなった。9年間のアフガン紛争では，合計で22機のSu-25と8人のパイロットが失われている。

超音速爆撃機

1970年代に入るとロックウェル

イギリスのレイクンヒース基地に駐留する第48戦術戦闘航空団のF-111F。F-111FはF-111Eより強力なTF30-P-100エンジンを装備したFB-111A（戦略爆撃機型）のいいとこ取りをした戦闘爆撃機である。

F-111をベースにした電子戦型のEF-111A
レイブンは，攻撃部隊を敵のレーダーや戦闘機
から守る多くの電子妨害装置を備えていた。

B-1が登場し，超音速爆撃機の概念が復活した。B-1の試作機は，1974年12月23日に飛行した。戦略航空コマンドのために100機が製造される予定だったこの超音速爆撃機の運用名称はB-1Bで，試作機はB-1Aと呼ばれた。

B-1Bの初号機は1984年10月に飛行したが，その数週間前に試験プログラムに参加していた2機のB-1A試作機のうちの1機が墜落したにもかかわらず，予定を大幅に上回って飛行した。最初の運用機B-1B（83-0065）は，1985年7月7日にテキサス州ダイエス空軍基地の第96爆撃航空団に納入された。

冷戦時代の後期に，ソ連で最も重要な戦闘航空機が出現した。NATOが"バックファイア"のコードネームを付けたツポレフTu-22Mである。Tu-22Mは1971年に初飛行し，1973年に初期作戦能力を達成した。その後数年間で，Tu-16"バジャー"と置き換えられていった。この新型爆撃機の任務が，周辺攻撃か大陸間攻撃であるかについて，冷戦時代に最も激しく議論された諜報活動の一つとなった。対艦攻撃という脅威の正体が明らかになるまでには，長い時間がかかった。

冷戦当時，Tu-22Mはソ連空軍（VVS）の戦略爆撃任務と，ソ連海軍航空隊（AVMF）の長距離任務で使用された。アメリカはこの新型爆撃機の脅威を重大なものと捉えていた。実際には，アメリカとの往復飛行能力はなく，1982年時点の製造機数は200機足らずだったが，アメリカ海軍とアメリカ空軍は予算をつぎ込んで，この深刻な脅威に対して防御に努めた。

Tu-22Mが初めて戦闘で使われたのは，1987年から1989年にかけてのアフガニスタンにおける作戦時で，大量の通常爆弾を投下して地上作戦を支援するという戦術支援任務だった。これは，アメリカ空軍がベトナム戦争でB-52が行った活動と実質的に同じで，攻撃の手法が極めて限られている場合には有効である。ソ連が独立国家共同体（CIS）になってからも，“バックファイア”はグロズニィ近くでチェチェン軍に対して攻撃した。

ソ連が崩壊した時点で約370機のTu-22MがCISで就役しており，その後10年間で，財政緊縮によって大幅に機数を減らしている。Tu-22M自体の複雑さも運用上の問題を引き起こし，その結果，生産は1993年に終了した。Tu-22Mは輸出されなかったものの，ソ連崩壊時に，ソ連を構成していた一部の共和国に残されたものが今も使われている（Tu-22Mは近年事情が大きく変わり，新規製造はないものの，引き渡し済みの機体を集めて大幅な能力向上と近代化の改修が続けられている）。

Tu-22Mに続くのがTu-160超音速爆撃機で，“バックファイア”と同様に可変後退翼を使用していた。NATOが“ブラックジャック”と名付けたこの機種は1981年12月19日に初飛行したが，2機の試作機のうち1機が事故で失われた。ロックウェルB-1Bと比較されることが多いが，それより大型である。1984年に量産が始まり，1987年5月に実用型が初めて配備された。

ソ連政権が崩壊し，冷戦が終結した1980年代には，それまでの10年間の技術が生かされた限定的な紛争が相次いで起こった。まず，1982

Su-24“フェンサー”ではいくつかのタイプがつくられ，頂点ともいえるSu-24M“フェンサーD”は1986年に就役した。このタイプは空中給油プローブがあり，能力を高めた航法/攻撃システムとレーザー/テレビ目標指示装置を備えている。

9機つくられたトーネードIDS（阻止攻撃型）試作機の初号機は，1974年8月14日に西ドイツで初飛行した。この計画に参加した国はイギリスのコッテスモア基地に共同の訓練部隊をつくっており，1980年7月にトーネードGR.Mk.1が初配備された。

年のフォークランド紛争では，イギリスのハリアーとシーハリアーが，アルゼンチンとの戦闘に投入された。同年には，イスラエルのF-15とシリアのMiG-23がレバノンを巡って戦った。

シーハリアー

特に，シーハリアーはフォークランド紛争で大きな力を発揮した。ハリアーの基本となる機体をベースに開発されたシーハリアーFRS.1は，イギリス海軍のインビンシブル級空母3隻の装備として発注された。ブルーフォックスＡＩレーダーを搭載するために機首が延長され，より充実した電子機器一式を搭載するためにコクピットが高くなり，パイロットにとって全方位の視界が確保された。

1978年夏，シーハリアー初号機の完成が近づく中，特別に改造されたホーカー・ハンターT.8の2機で，シーハリアーの運用装備がすべて試験された。

シーハリアーFRS.Mk.1の初号機は，1978年8月20日にダンスフォルドで初飛行した。このシリアル・ナンバーXZ450は，実際は試作機ではなく量産型の初号機である。量産型の24機の発注は，31機に増やされていた。11月31日にシーハリアーが初めて空母「ハーミーズ」に着艦した。

生産機に加えて，1975年には3機の開発機が発注されていた。そのうちの1機，XZ438は，1978年12月30日に飛行し，性能と機動性の試験のためメーカーが保有した。2機目のXZ439は，1979年3月30日に飛行し，ボスコムダウン基地にある航空機兵装実験機関で並走点検を受け

フェアチャイルドA-10は1基のエンジンのみでも飛行できるよう設計されており，機体空力部に大きな損傷を受けても運用できる。1991年の湾岸戦争では，その強靭な構造が威力を発揮した。

戦車キラーのイボイノシシ
フェアチャイルドA-10サンダーボルトII

「砂漠の嵐」作戦で活動した第926戦術戦闘航空群第706戦術戦闘飛行隊のA-10。

強力な破壊力を持つGAU-8機関砲は，30mm弾を最大で毎分4,200発も発射できる。

A-10の機体フレームの重要な部分は23mm弾の命中にも耐えられる装甲が施されている。

強力なTF34エンジンを高く配置することで，仮設滑走路での運用時に異物吸入を防いでいる。その推力は1基だけでもA-10を飛行させられるほど強力だ。

フェアチャイルドA-10
サンダーボルトII

タイプ：単座の対戦車攻撃機
推進装置：40.31kNのジェネラル・エレクトリックTF34-GE-100アフターバーナーなしターボファン2基
最大速度：682km/h
フェリー航続距離：4,000km
実用上昇限度：10,575m
空虚重量：10,977kg；搭載時重量：21,500kg
武装：30mmのジェネラル・エレクトリックGAU-8/A機関砲1門（弾数1,350発），加えてレーザー誘導爆弾，クラスター爆弾，AGM-65マーベリック・ミサイルを11カ所のステーションに混載して最大7,258kg
寸法：全幅17.53m
全長16.25m
全高4.47m
主翼面積：47.01m²

た。3機目のXZ440は1979年6月6日に飛行し，ブリティッシュ・エアロスペースのダンスフォルド施設やボスコムダウン，ロールスロイス（ブリストル施設）で操縦性と性能の試験を行った。

シーハリアーの量産2号機（XZ451）は1979年5月25日に初飛行し，イギリス海軍向けの1番機として1979年6月18日に引き渡され，部隊で集中的な試験飛行に入った。1979年6月26日には，サマセットのヨービルトン海軍航空基地に第800A海軍航空隊が編成され，シーハリアーの集中飛行試験部隊となった。この部隊は1980年3月31日に解隊され，第899司令部訓練飛行隊として再編成された。

2番目のシーハリアー飛行隊である第800航空隊は，1989年4月23日に編成され，1981年2月26日に第801航空隊が続いた。各航空隊は5機のシーハリアーを保有し，第800航空隊は空母「ハーミーズ」に，第801航空隊は空母「インビンシブル」

A-10サンダーボルトIIのような攻撃機というソ連の要求が，スホーイSu-25“フロッグフット”を生み出した。ライバルとなったイリューシンIl-102との比較審査の末に選ばれた。

B-1Bの任務は，その多くが高亜音速で行われる。エンジンの空気取り入れ口は固定面積型で，空気の流れに沿った仕切り板を設けることで，ファンからのレーダー反射をブロックしている。

に配備されることとなった。

シーハリアーに対して10機の追加発注が行われると，ブリティッシュ・エアロスペースは，その初号機を1981年9月15日に飛行させて，第899航空隊に引き渡した。サイドワインダー空対空ミサイルで武装したシーハリアーFRS.Mk.1は，1982年のフォークランド紛争で，アルゼンチンの航空機23機を破壊するという大きな戦果を収めた。戦いの頂点となった1983年5月21日に，シーハリアーは2機一組で20分ごとに交代し，戦闘空中哨戒を続けた。のちにシーハリアーF/A.Mk.2仕様に更新されると，胴体前方が設計変更され，フェランティのブルービクセン・レーダーを搭載できるようになった。電子機器も完全に一新され，AIM-120AMRAM視程外距離空対空ミサイルによる交戦能力が付与さ

B-1B爆撃機のプロトタイプであるB-1A。B-1Bには，いわゆる「ステルス」技術が数多く組み込まれており，最先端の敵の防御を突破する可能性を大きく高めている。また，飛行中に燃料を補給することで，非常に重い武器を長距離にわたって運ぶことができる。

ツポレフTu-22Mは，実用性の高い先進の可変後退翼爆撃機で，スタンドオフ・ミサイルによりNATOの海洋作戦軍を攻撃するために設計された。

れ，目視範囲外の複数の目標に対処できるようになった。

フォークランド紛争では，イギリスの核抑止力の維持に大きな役割を果たしていた航空機，アブロ・バルカンの最初で唯一の戦闘行為も行われた。バルカンは1968年にイギリス海軍に就役したポラリス・ミサイルを装備した原子力潜水艦とともに，自由落下核爆弾を搭載して即応待機に就き，NATOとCENTOの核戦力の一翼を担った。

第27飛行隊のバルカンB.Mk.2は，この頃，海洋レーダー偵察も任務とするようになり，装備機の名称もバルカンB.Mk.2（MRR）に変わった。1982年にバルカンは大西洋のアセンション島から，アルゼンチンに占拠されたフォークランド諸島に対する爆撃に向かった。「ブラックバック」のコードネームが付けられたこ

の作戦は，個々の機体に通常爆撃と対レーダー任務が与えられ，全体ではビクターK.Mk.2給油機による11ソーティ以上の支援を受けて実施された。

対レーダー任務では，バルカンが高性能破片弾頭を付けたAGM-45Aシュライク・ミサイルを12kmの距離から発射した。シュライクは西ドイツに駐留していたアメリカ空軍のファントムII用の武器で，冷戦時のアメリカとイギリスの協定による武器供与の好例となった。バルカンの製造機数は試作機と89機のB.Mk.2で，最後まで残ったのは空中給油機に転用された第50飛行隊の6機だった。

ハリアーII

ハリアーの開発国はイギリスだが，アメリカ海兵隊はそのAV-8Aに能力向上が必要であるとした。ハリアーの機体フレームの設計や構造，システムなどは1950年代の技術であり，1970年代にシステムの

ツポレフTu-160“ブラックジャック”は，可変後退翼を使った長距離超音速爆撃機というソ連の野心作で，アメリカのロックウェルB-1と同じ考え方だが，こちらの方が大きい。コストの上昇から量産機数は大幅に減らされている。

イギリス海軍のシーハリアーは1982年のフォークランド紛争で，戦闘空中哨戒により一躍脚光を浴びた。写真は最終型のシーハリアー F/A.Mk.2。

更新は行ったものの，機体の潜在能力をさらに発展させるには限界があった。アメリカ海兵隊はハリアーの基本コンセプトは残しつつ，新技術と電子機器を採り込んでいくこととした。

主要な改良の一つが，主翼を炭素繊維複合素材にするとともに，スーパークリティカル（超臨界）翼型を適用し，また面積と翼幅を拡大することだった。主翼には大面積の隙間式フラップを付け，短距離離陸時にはエンジン排気口との連動で精密な操縦性を改善するとともに揚力を増す。主翼前縁の付け根には小さな延長部を加え，旋回率を高めることで敏捷性を増し，胴体下面にはフェンスを設けて揚力増強装置として機能させた。これによりエンジン排気を地面に反射させて取り込み，垂直離着陸時にクッションとして活用できるようにした。

試作機YV-8BハリアーⅡは1978年11月に，開発初号機は1981年11月に初飛行して，量産型は1983年にアメリカ海兵隊へ引き渡しが始まった。最初の量産型は4日間のチェック飛行後，1984年1月16日に，ノースカロライナ州チェリーポイント海兵航空基地に駐在の第203海兵訓練飛行隊に配備された。この部隊は1985年春にAV-8Bのパイロット訓練を開始し，1996年末までに170人が転換課程を修了した。実働部隊のハリアーⅡパイロットは，第32海兵航空群の所属となり，指揮下の最初の戦術飛行隊である第331海兵飛行隊は1985年初めに最初の12機が配備され，初期作戦能力を獲得した。1986年秋には15機に

増え，1987年3月には20機のフルメンバーになった。

2番目のAV-8B飛行隊である，第231海兵飛行隊は1986年7月に15機が配備され，初期作戦能力を，3番目の第457海兵飛行隊も1986年末に初期作戦能力が認定された。4番目は，西海岸で最初のAV-8B飛行隊となる第513海兵飛行隊で，1986年8月にはアメリカ海兵隊AV-8A最後の飛行隊として発足していた。

イギリス空軍のハリアーGR Mk.5は1987年に納入が始まり，生産されたGR Mk.5はのちにGR Mk.7規格に変更された。アメリカ海兵隊の夜間攻撃機AV-8Bに似ているが，FLIR，デジタル移動地図ディスプレイ，パイロット用の暗視ゴーグル，改良型ヘッド・アップ・ディスプレイを備えている。スペイン海軍も1987年10月から納入されたAV-8Bを運用しており，1996年には初期ロットのAV-8Aの生き残りがタイに売却された。

冷戦時代の慌ただしい展開の中で，航空技術にはまったく新しい言葉や表現が登場した。1980年代には，ある興味深い言葉が目立っていた。それは「ステルス」である。

アメリカ海兵隊はハリアーの基本設計で，大幅に打撃力を高めたAV-8BハリアーⅡへと発展させた。写真は初代のAV-8Aが着艦試験を行っている様子。

第14章
X機：スペースシャトルへの道

第二次世界大戦が終わるとすぐに，アメリカ陸軍航空軍と全米航空査問委員会，そしてベル社が，マッハ1を超える高速飛行を現実のものとする設計研究に共同で取り組んだ。マッハ1とは，1887年にオーストリア人のエルンスト・マッハ教授が定めた音の伝達速度である。気温15度の海面上で，1224.68km/hに相当し，高度11,000m以上では1061.81km/hと一定になる。

この研究機はベルXS-1と呼ばれ，すぐにX-1と呼ばれるようになった。なめらかで砲弾のような形状をしたX-1は，極めて薄い直線の主翼と通常形式の尾翼を持っていた。混合燃料を使うリアクション・モーターズのロケット・モーターを動力とし，この推進装置は2分半だけ26.7kNの最大推力を出すことができた。

超音速飛行

X-1の初飛行は1946年秋で，改造されたB-29の爆弾倉に収めて上空に運ばれ，そこから放出して地上に滑空した。自身のロケット・モーターによる初飛行は，その年の12

◀3機つくられたX-1の初号機。1947年8月14日に世界で初めて超音速飛行を達成した。銃弾にも似た流線形の機体形状をしている。

▶燃料補給を受けるベルX-1。ロケット推進機の運用は常に危険で，極めて扱いにくいロケット燃料は，一つの過ちが大きな悲劇につながった。

再び音速の壁
ベルX-1A

X-1Aの飛行実績は“チャック”・イェーガーによるマッハ2の初飛行で幕を開けたが，爆発により破壊されるという，無念の結末を迎えた。

X-1系列機はのちに白く塗られたが，液体酸素のタンクが塗装による悪影響を受けないよう，中央胴体は常に無塗装だった。

X-1と同様にX-1Aは，4燃焼室型のXLR11ロケット・モーターで，燃料は液体酸素だった。

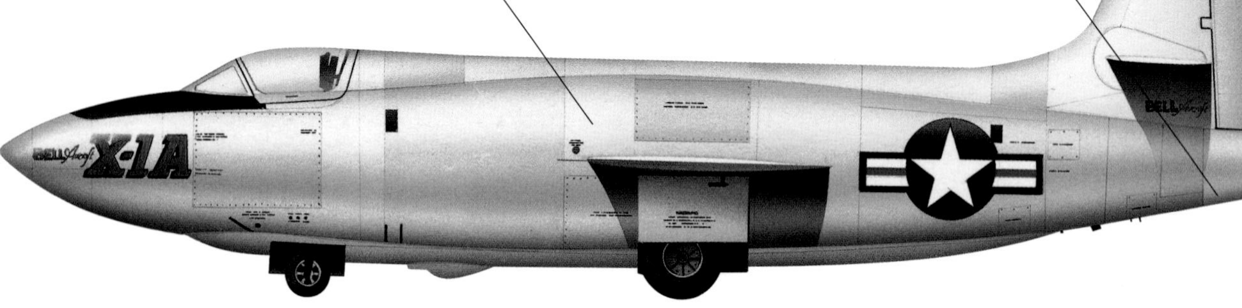

ベルX-1A

タイプ：高高度高速研究機
推進装置：26.7kN（海面高度）のリアクション・モーターズの4燃焼室XLR11-RM-5ロケット・モーター1基
最大速度：2,594km/hまたはマッハ2.44
滞空時間：約4分40秒
上昇限度：27,432m
空虚重量：3,120kg；搭載時重量7,478kg
武装：常に無武装
寸法：全幅8.53m
全長10.87m
全高3.30m
主翼面積12.0m²

月9日にムロク飛行試験基地（のちにエドワーズ空軍基地）で，チャルマーズ・グッドリンの操縦で行われた。1947年夏の時点で，X-1は数回の飛行を行い，その速度は段階的に引き上げられ965km/hを超えて，機体の操縦性について多くの情報が集まった。

1947年10月14日にX-1は世界で初めて超音速飛行を達成した。パイロットはチャールズ・E・イェーガー少佐で，X-1は高度9,000mでB-29スーパーフォートレスから切り離された。イェーガー少佐は，数カ月前にこの試験プログラムに配置され，X-1で8回の飛行を経験している。この9回目の飛行で，水平飛行によりマッハ1.015に達した。

“チャック”・イェーガーはX-1で53回飛行し，そのほとんどが超音速に達している。1949年1月5日にX-1は初めて自身の動力で地上を離れ，1分40秒で高度7,015mに上昇し，その間に音速を超えた。

1949年8月8日には，フランク・エベレスト少佐がX-1で，高度21,925m

の上昇記録をつくった。X-1はほかに3機の改良型(X-1A, X-1B, X-1D)がつくられ，このうちX-1Bは1953年12月12日にイェーガーの操縦でマッハ2.435に達した。1954年6月4日には別のパイロットであるアーサー・マレーが，高度27,432mを超えて上昇した。シリーズ最終機のX-1Eは，新しい高速主翼の試験機だった。X-1シリーズは全部で231回の飛行を行っている。

1950年，ムロクでは，X-1にダグラス・スカイロケットが加わった。1948年2月に初飛行したこのなめらかな後退翼機は，最初はターボジェットとロケット・モーターで飛行し，地上から離陸した。のちにターボジェットは廃止されて，ロケット動力機のみとなり，さらにX-1と同様にB-29から発進するようになった。

1953年11月21日，スカイロケットは，高度19,812mでマッハ2.01に達し，パイロットの操縦によりマッハ2を突破した初めての航空機となった。技術的な問題からいくつかの事故は発生したが，全米航空査問委員会の有人ロケット研究計画は，1954年までは犠牲者は出ていなかった。

この計画にはもう一つ，ベルのX-2も加わった。X-1とは異なりX-2は後退翼を備え，尾翼は2,000mph(3,218km/h)の速度に達する設計だった。この速度で遭遇する高温に対処するため，機体構造の大部分にステンレス・スチールが使われた。動力はカーチスXLR-25ロケット・モーター2基だった。

死亡事故

X-2は2機つくられた。悲劇は1954年5月に起きた。母機B-50の腹部で，液体酸素タンクに補充されていたとき，爆発が起きたのである。

後退翼のダグラス・スカイロケットは1948年2月に初飛行した。本来はウエスチングハウスJ34ターボジェットとXLR-8ロケット・モーターを搭載していた。この機種はのちに19,812mでマッハ2.01を達し，パイロットが操縦してマッハ2を超えた最初の航空機となった。

X-2のパイロットとB-50の乗員一人が死亡したが，B-50のパイロットが速やかにX-2を投棄したことで，さらなる犠牲は回避された。

X-2の2号機は1955年11月18日に，フランク・エベレスト中佐の操縦で初の動力飛行を行ったが，この機体もまた1956年11月27日の墜落事故でパイロットが死亡している。このときはミルバーン・アプト大尉が操縦し，マッハ3.2を記録した飛行後だった。当時，この速度よりも高速で飛行した人間はいなかった。

全米航空査問委員会による予備的な設計検討と，アメリカ航空業界のほとんどが参加した設計コンペを経て，1955年12月にノースアメリカンは，設計速度がマッハ7以上で，高度8万m以上，つまり地上80kmに到達できる有人研究機の試作機3機の契約を獲得した。言い換えれば，この航空機はロケットを動力とする研究用航空機と，最終的にアメリカ人を地球の周回軌道に乗せるための，往還機との間のギャップを埋めるために設計されたものである。推力254.5kNのサイオコールXLR-99-RM-1ロケット・モーターを搭載する予定だったが，X-15Aの最初の2機は初期飛行試験で，推力35.6kNのリアクション・モーターズXLR-11-RM-5を2基搭載して行われた。極超音速では摩擦が大きくなるため，X-15の基本構造材はチタンとステンレス・スチールで，機体全体は温度550度まで耐えられるように設計されたニッケル合金鋼の「アーマード・スキン」で覆われていた。

1954年5月，B-50母機からの分離時に空中爆発し，砂漠から回収されたベルX-2の残骸。

さらに高速化するベル
ベルX-2

X-2は2機がつくられて，尾翼はステンレス・スチールだった。X-2は速度3,370km/h，高度38,405mという記録をつくった。これは死亡事故を起こした2号機である。

コクピットのキャノピーは，パイロットが着席したあとに取り付けられた。飛行計器は必要最小限で，ほとんどが燃料タンクの限界に関するものだ。

全体を白く塗装しているのは，高速飛行時に熱に対する耐性を得るためだったが，着陸すると塗装に大きな損傷を負っていることもしばしばあった。

ベルX-2

タイプ：超音速研究機
推進装置：66.7kNのカーチス・ライトXLR-25-CW-1ロケット・モーター1基
最大速度：3,370km/h
滞空時間：1動力飛行で10分55秒
乗員：パイロット一人
上昇限度：38,405m
空虚重量：5,610kg；最大離陸重量：11,280kg
寸法：全幅9.83m
全長11.53m
全高3.53m
主翼面積24.19m^2

弾丸より速く
ノースアメリカンX-15

ノースアメリカンX-15ロケット動力研究機は，大気圏内の有人飛行と大気圏外で宇宙を飛行する有人機の溝を埋める架け橋となるものだった。

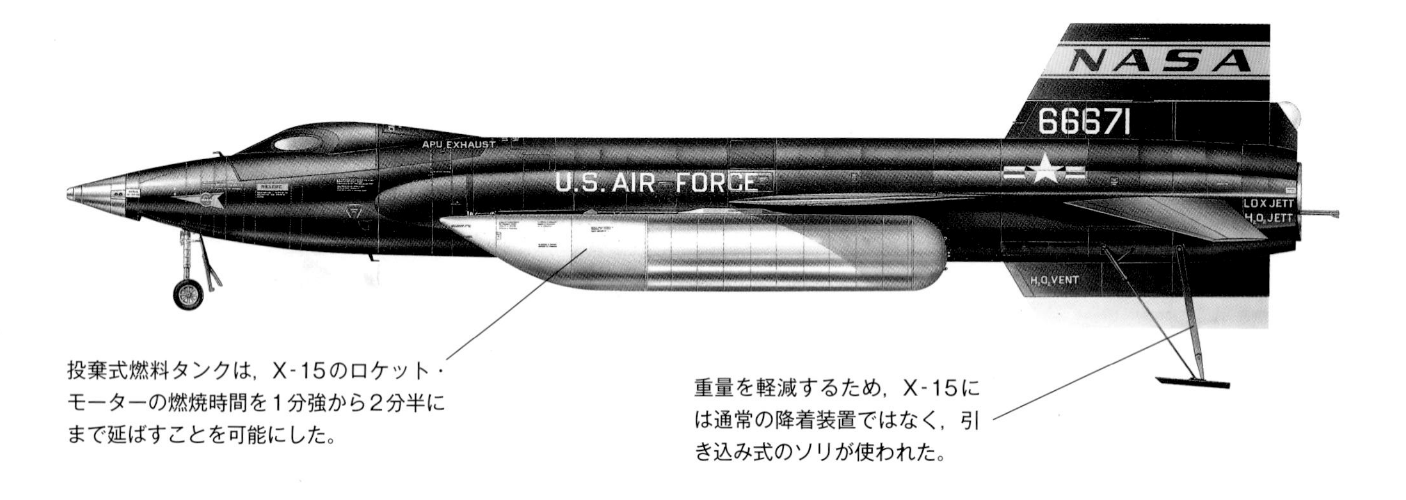

投棄式燃料タンクは，X-15のロケット・モーターの燃焼時間を1分強から2分半にまで延ばすことを可能にした。

重量を軽減するため，X-15には通常の降着装置ではなく，引き込み式のソリが使われた。

ノースアメリカンX-15A-2

タイプ：単座超高速ロケット動力研究機
推進装置：高度14,000mで254.5kN，高度30,000mで313.7kNのサイオコール（リアクション・モーターズ）XLR-99-RM-2単燃焼室推力調節可能型ロケット・モーター1基
最大速度：7,297km/h
最大高度：107,960m
高度15,000mで発進し，100,000mへの上昇時間：140秒
航続距離：450km（標準的な飛行試験）
空虚重量：8,320kg；搭載時重量：25,460kg
寸法：全幅6.81m
　　全長15.99m
　　全高3.55m
　　主翼面積18.58m²

超音速上昇

X-15A初号機は，B-52「母機」の右主翼下に搭載され，1959年3月10日に初飛行したが，このときには切り離しは行われなかった。動力なしの最初の自由飛行は6月8日に，テストパイロットのスコット・クロスフィールドが操縦桿を握って行われた。9月17日，再びクロスフィールドが操縦して，高度11,590mで切り離され，初の動力飛行に入った。X-15Aは高度1,525mに下降し，機体は浅く上昇してマッハ2.3を記録した。燃料は発射から4分で使い果たした。クロスフィールドは旋回に入り，ほとんど操縦の効かない状態でムロク乾湖に着陸した。着地の速度は240km/hだった。地上作業員がX-15Aを点検すると，壊れた燃料ポンプから出たアルコールが後部エンジンベイに流れ込み，アルミチューブ，燃料ライン，バルブなどが広範囲にわたって焼失していた。修理は23日間で完了し，2回目の飛行の準備が整えられた。

燃料システムを中心に多くの問題

はあったが，それらを解決して2回目の飛行が実施された。1959年10月17日にクロスフィールドとX-15が，砂漠の上空12,505mでB-52から発進した。8本のロケット筒すべてが発火してX-15は急加速に入った。パイロットは超音速上昇を開始して16,775mで水平飛行に移り，何度かの超音速機動飛行ののち，再び上昇し，この飛行での最高高度である20,435mに到達した。ロケットが燃焼し尽くすと，クロスフィールドはマッハ1.5で超音速滑空し，15,250mで水平飛行状態にした。

その5日後，クロスフィールドは再びX-15で飛行した。計画では高度25,925mでマッハ2.6に到達することになっていたが，この飛行は酸素システムの不具合で取り止めとなり，さらに悪天候で11月5日に延期された。当日は好天で，飛行前点検でも一切問題は見つからなかった。X-15は母機から離されて加速に入った。このときX-15の後方約400mをテストパイロットのボブ・ホワイト少佐がF-104で飛行していた。彼はX-15の排気口近くで，赤い光を放っているのを見て，クロスフィールドが火事になったことを知った。クロスフィールドは，ホワイトの警告を聞いてすぐにX-15のロケットを停止させ，燃料を投棄し，恐ろしいほどの高速で滑空を開始し，ロサムンド乾湖に緊急着陸した。クロスフィールドは無傷で脱出できたが，彼のX-15は壊れ，ロケット・モーターも燃え尽きていた。

2カ月後にX-15A-1による研究プログラムが再開された。このときX-15A-1の動力はXR-99-RM-1ロケット・モーターになっており，この推進装置で1960年1月23日に初飛行した。

破損したクロスフィールドの機体も修理され，X-15A-2として作業

3機のX-15がつくられ，B-52から高高度での空中発射が行われた。X-15Aの2号機は着陸事故後に修理されてX-15A-2となり，最も高速飛行した航空機になった。

に戻された。X-15A-3となる3号機も1960年夏には飛行に向けての準備が整えられたが，6月8日に地上で推進装置が爆発し，深刻な損傷を負った。飛行可能な状態になるには数カ月を要した。しかし，これで終わりではなかった。1962年11月9日，X-15A-2がフラップを使用せずに着陸し，降着装置を破損した。幸いにも，パイロットは深刻な怪我を負うことはなかった。

記録飛行

このときまでにX-15は，いくつもの注目すべき記録飛行を行っている。1962年6月27日にアメリカ航空宇宙局（NASA）の主任テストパイロット，ジョー・ウォーカーが，X-15A-1でエンジンを通常の84秒よりも長い89秒燃焼させて速度マッハ6.06に到達した。1962年7月17日にはボブ・ホワイトが，高度95.89kmに上昇して世界高度記録を樹立した。これによりホワイトは高度80km以上を飛行したとして，アメリカの宇宙飛行士としての認定も受けている。

1962年11月の事故以降，X-15A-2はほぼ完全に再生され，尾部が延長されるとともに増加燃料タンクが装備された。また機体フレーム全体は，マッハ8で生じる1,400度の熱に耐えるコーティングが施された。この機体は1964年6月28日に初飛行し，ロバート・ラッシュワース少佐の操縦により，高度25,315mで4,769km/hの速度を達成した。1966年11月18日にはアメリカ空軍のピート・ナイト少佐の操縦で，X-15A-2は30,500mの水平飛行で速度6,838km/hに達している。

X-15計画で唯一の死亡事故は，1957年11月15日に発生した。X-15A-3が降下中にスピンに入り，機体が分解してテストパイロットのミッシェル・J・アダムスが死亡した。さらに1960年代末に，X-15はその耐用年数を終えようとしていた。1967年10月3日にアメリカ空軍のウィリアム・J・ナイト少佐は，この機種の最高到達速度であるマッハ6.72を記録した。

X-15は1968年10月24日に最後の飛行を行い，その直後に計画は中

X-15A-2は運用期間の末期に，マッハ8.0の最大速度で生じる高温に耐えられる耐熱素材によるコーティングが施された。

ノースロップHL-10は，エドワーズ空軍基地にあるNASAのドライデン飛行研究センター（現アームストロング飛行研究センター）が1966年から1975年にかけて行った，スペースシャトルに向けてのリフティングボディ研究機6種のうちの一つだった。

止された。アメリカ中の目が人類初の月面着陸を目指すアポロ計画に向けられたことから，1969年にはX-15チームの活動はその陰に隠れてしまった。しかし，X-15がアメリカの宇宙開発に与えた貢献は計り知れないものがあり，特に再利用可能な宇宙機の開発に貢献した。

この目標を達成するための重要な一歩は，一連のリフティングボディ研究用実験機の設計であった。まず，ノースロップ社が製作した2機の無翼機から始まった。ノースロップM2-F2とHL-10と名付けられたこの機種は，非常によく似ている。M2-F2は基本的なデルタ翼で，胴体は断面がD字型になっており，D字の平らな面が上面になっている。HL-10の場合，平らな面は下側にあった。リフティングボディ研究機は，NASAが特別に改造したB-52によって高高度に運ばれたのち投下され，制御された滑空で地上に降りてきた。M2-F2は1965年6月15日にNASAに納入され，1966年7月12日に無動力での初飛行を行い，年末には動力試験を開始した。1967年5月10日，M2-F2は着陸時に壮絶な墜落事故を起こしたが（1970年代のTVシリーズ「600万ドルの男」のオープニングで有名になった），完全に再構築され，1972年12月に

マーチンX-24シリーズは，宇宙から帰還した際にリフティングボディを使用する適性と飛行特性を調査する目的で設計された。

試験プログラムを終了した。

最高高度

HL-10は1966年1月19日にNASAに引き渡された。最初の無動力飛行は12月22日で，1971年末までに37回の飛行を終え，そのうち25回は動力飛行だった。HL-10は最高で高度27,500mに達し，マッハ1.861を記録した。

マーチン・マリエッタもリフティングボディ機研究に参画し，4機の小型無人機を製造した。SV-5D PRIME（Precision Recovery Including Maneuvering Entry：軌道再突入を含む精密回収）と名付けられたこの機体に，アメリカ空軍はX-23Aの名称を与えた。そしてアメリカ空軍は1966年に，その有人型で低速度飛行域の調査を行うためSV-5P（X-24A）を発注した。X-24Aは1967年7月11日に引き渡された。飛行試験の概要は，B-52により13,715mにまで運ばれたあと，切り離され，ロケット・モーターを使って30,480mに上昇し，マッハ2に達したのち，動力を切って滑空降下を行い，切り離しから15分後に着陸するというものだった。

この機体の着陸速度は極めて高速で，設計は最大で560km/h以上にもなった。X-24A最初の動力飛行は1970年3月19日に行われた。1972年に改造されて1973年8月にX-24Bとして再飛行し，1975年9月23日に最後の飛行を行った。

一方，1972年7月に始まったスペースシャトル計画も具体化していた。ロックウェル・インターナショナルは2機の往還機を受注し，のちに5機に増やされ，1976年9月にその第1号が打ち上げられた。

1977年2月，往還機は特別に改造されたボーイング747の上に搭載され，最初の無人飛行が行われた。1977年6月18日には初の放出・滑空飛行が行われた。1981年4月12日，往還機「コロンビア号」が宇宙空間へ初飛行した。正式には宇宙輸送システム（STS）と呼ばれ，完全に機能する最初のシャトルとなった。

1986年1月28日，「チャレンジャー号」が発射後，上昇中に爆発し分解，乗っていた7人の宇宙飛行士全員が死亡した。エンデバー号はチャレンジャー号の代替機として，別の往還機用のスペア部品を使って製造され，1991年5月に引き渡された。「チャレンジャー号」の事故から17年後の2003年2月1日に，今度は，「コロンビア号」が大気圏再突入時に機体が分解し，同じく7人の乗員全員が死亡した。この事故の後，後継機はつくられなかった。

リフティングボディ機や初期のX機で得られた経験は，史上最大の技術的成果の一つである宇宙輸送システム，すなわちスペースシャトルに結実した。

B·O·A·C

第15章
1950年代から今日までの民間航空

1950年代初めにボーイングは，B-47およびB-52ジェット爆撃機計画から得た経験の利点を生かし，世界を席巻するジェット旅客機，ボーイング707を開発した。その試作機は極秘裏に製作され，1954年7月13日に初飛行した。ボーイング707の主要シリーズ，707-120は1957年12月に，707-320は1959年1月に初飛行した。

ターボファン・エンジンの導入により，ボーイング707をはじめとするジェット旅客機の潜在能力は，計り知れないほど向上した。世界最初のターボファン・エンジンが，ロールスロイス・コンウェイである。軸流式ターボジェットから発展したターボファンは，圧縮機の第1段をダクト型ファンとして機能させたもので，通過する空気をエンジンのコア部に吹き付けることで，追加の推力を得る。この形式のエンジンは1955年にアブロ・アシュトン飛行テストベッド機の胴体下部に取り付けたポッドに収められ，初の空中試験を行った。そのポッドはボーイング707のエンジン・ナセルの形状をほぼ再現していた。英国海外航空会社（BOAC）は，コンウェイ装備のボーイング707を購入した。

ボーイング707にとって，直接のライバルとなったのがダグラスDC-8で，アメリカでつくられた2番目の商業用ジェット機である。原点はダグラス・モデル1881と呼ばれた国内線向け4発ジェット旅客機で，1955年6月にDC-8の名称が発表され，1958年5月30日に初飛行。ボーイング707に遅れること，約1年で就航を開始した。

より安価な代替策

DC-8の試作機が初飛行した頃，すでに受注機数は130機を超えていた。最初の顧客はパンアメリカンで，1955年10月に25機を発注した。皮

◀ボーイング707は民間航空輸送で，新たな次元を切り開いた。その導入により，世界は一夜にして縮小した。写真はBOACの初期の機体の一つ。

1959年から1972年の間に，550機以上のダグラスDC-8が製造された。イラストは貨物仕様のDC-8F。

イギリス最後の大型ジェット旅客機
ヴィッカースVC.10

VC.10タイプ1151は，BOACが17機を運航した基本旅客型である。タイプ1154と名付けられた5機は，東アフリカ航空が購入した。このタイプを注文した唯一の航空会社だった。

主翼上面のスポイラーは，エアブレーキとしても使用された。

水平尾翼は全金属製で，垂直尾翼の上端に片持ち式で取り付けられ，前方には大きな弾丸状のフェアリングが取り付けられていた。水平尾翼内には，燃料タンクが設けられた。

ヴィッカース・スーパーVC.10

タイプ：4発長距離旅客/貨物ジェット輸送機
推進装置：100.1kNのロールスロイス・コンウェイRCO.43ターボファン4基
最大速度：935km/h
初期上昇率：700m/min
巡航高度：13,106m
航続距離：9,415km
空虚重量：63,278kg；基本運航自重：70,489kg
最大搭載量：27,043kg
寸法：全幅44.60m
全長50.80m
全高12.30m
主翼面積272.40m^2

肉なことに，このDC-8は1960年代にパンアメリカン航空のヨーロッパ路線でボーイング707と一緒に運用されることになった。1961年8月21日に，改造型のDC-8-40が浅い角度での降下飛行で時速1,073km/hに達し，マッハ1を超えた初の旅客機となった。

DC-8はボーイング707よりもわずかに安価で，速度も少し遅かった。しかし，その差は長時間の飛行でもほとんど気にならない程度だった。初期には事故が頻発したが，そのほとんどがジェット機の複雑さと，性能が大幅に向上したことに起因していた。その後，安全で信頼性の高い航空機であることが証明された。全体的に見てボーイング707は，最も効率的な運航を行った。

1965年4月に，ダグラスはDC-8の新型3機種を発表した。一つ目はDC-8-50と同じエンジンと主翼を持つ収容能力の増大型で，大陸横断機のDC-8スーパー61である。二つ目は胴体をわずかに延ばしただけのDC-8-62だが，座席数はボーイング707-320とほぼ同じだ。エンジンの装着方法は完全に設計が変更さ

れた。三つ目がスーパー63で，DC-61の胴体にスーパー62の主翼と推力を増加したエンジンを組み合わせた。スーパー61の初号機は1966年3月に初飛行し，これら三種の旅客型はすべて1967年中頃までに就航している。

デ・ハビランド・コメットの不幸で，商用ジェット旅客機の主役の座を失ったイギリスは，ヴィッカース（のちにブリティッシュ・エアクラフト・コーポレーション）のVC.10で，この分野に再参入しようとした。1962年に初飛行したVC.10は，ロールスロイスのコンウェイ・ターボファン・エンジン4基を尾部に取り付けた美しい設計の機体だった。亜音速の長距離路線と，アフリカの高温で高地にある飛行場でも使用可能な設計がなされていた。さらに発展型のスーパーVC.10もつくられ，標準型の胴体を4.27m延ばして搭載能力を高め，また，離陸距離が若干延びた。VC-10は商業的には成功せず，BOACと東アフリカ航空でのみ運用された。VC-10とスーパーVC-10は54機しか製造されず，後者の一部はイギリス空軍の空中給油機に転用された。

威信をかけた旅客機

ロシア革命40周年を数日後に控えた1957年，当時ソ連（旧ソビエト連邦）最大のターボプロップ機であり，世界最大の民間航空機が初飛行した。アンドレイ・ツポレフは文字

1963年1月に初飛行したイリューシンIℓ-62は，ソ連最初の4発長距離ジェット商用旅客機であった。より能力を高めたのが，Iℓ-62Mである。

通り，地球を一周できる航空機を求める声に応えて，ツポレフTu-114「ロシア」を開発した。戦略爆撃機Tu-95"ベア"をベースに，同じ主翼を胴体の低い位置に取り付け，主翼の桁構造によって客室がさえぎられないようにしたこの航空機は，航空輸送の歴史に新しい境地をもたらした。

最も成功した路線の一つは，アエロフロートと日本航空の共同運航による，モスクワ〜東京間で，ロシア人と日本人の混成クルーで運航された。NATOのコード名で"クリート"と呼ばれたこの旅客機の性能は決して優れたものではなかったが，その積載量とスピードは1960年代を通じてソ連の威信をかけた旅客機だった。

1960年代のソ連のもう一つの長距離旅客機がイリューシンIℓ-62である。1963年1月に初飛行したIℓ-62は，ソ連で製造された初の長距離用4発ジェット民間機で，NATOコード名"クラシック"を与えられた。試作機の1機と先行生産型の3機による一連の試験飛行後，Iℓ-62はアエロフロートのモスクワ〜ハバロフスク線とモスクワ〜ノボシビルスク線の定期便として運航を開始した。1967年9月からは，Tu-114に代わりモスクワ〜モントリオール間の運航が開始され，1968年7月にはニューヨークまで路線が拡大された。Iℓ-62Mは，より強力なエンジンを搭載し，航続距離を伸ばした派生型である。

1960年12月に，ボーイングがモデル727と名付けた中短距離用ジェット輸送機を発表した。1963年2月に初飛行したこの機種は，1964年2月にイースタン航空が定期便の就航を開始した。1967年4月には，ボーイング727が世界で最も広く使われている商用ジェット旅客機となった。

多くの点でソ連版ボーイング727といえるツポレフTu-154は，ソ連の国内線や，旧ソ連の構成共和国で広く使用された。また，少なくとも10カ国の空軍で，輸送機として使用された。

アメリカのターボプロップ機
ロッキードL-188エレクトラ

1957年12月6日に初飛行したロッキード・エレクトラは，短/中距離用の旅客機で，試作機が初飛行した時点で114機を受注していたという成功作である。

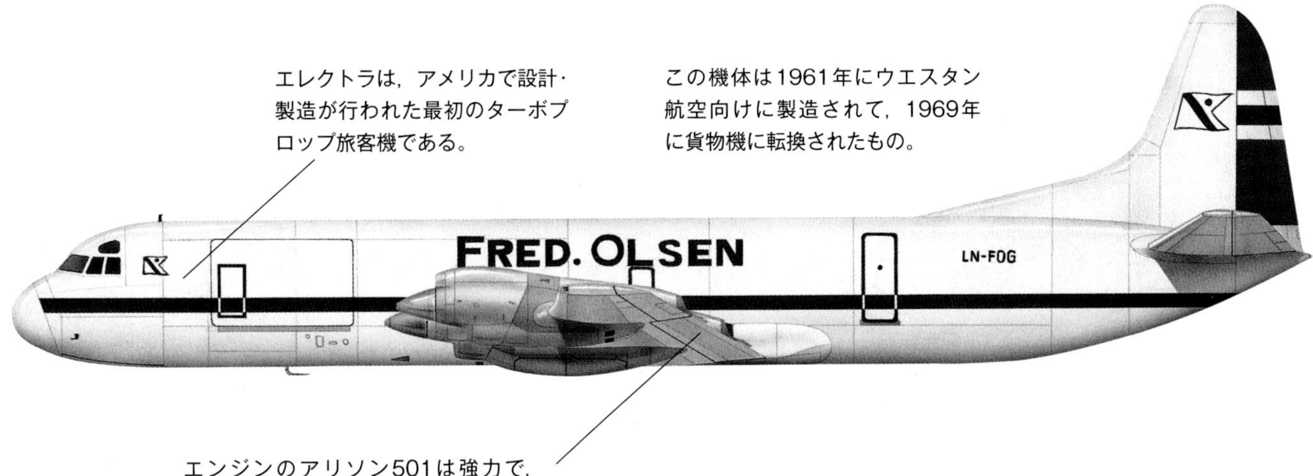

ロッキードL-188Aエレクトラ
タイプ：ターボプロップ旅客機
推進装置：2,800kWのアリソン501ターボプロップ・エンジン4基
巡航速度：600km/h
航続距離：3,500km
実用上昇限度：8,565m
搭載時重量：51,257kg
機内仕様：飛行乗員3人＋乗客66～98人
寸法：全幅30.18m
全長32.15m
全高10.25m
主翼面積120.80m²

ボーイング727に相当するイギリスの旅客機はホーカー・シドレー・トライデントだが，アメリカの旅客機のような成功を収めることはできなかった。トライデントは1957年にブリティッシュ・ヨーロピアン・エアウェイズが，1964年の就航を目指して短距離用の新型ジェット機を要求したことに端を発する。1962年1月9日に試作機が飛行し，BEAは1964年4月1日に24機の初号機で定期運航を開始した。1965年6月には，BEAのトライデントIが定期旅客便の中で初めて自動着陸を行った。全部で117機のトライデントが五つの派生型で生産された。

ソ連の3発中距離ジェット旅客機がツポレフTu-154で，1968年10月に初飛行し，世界を代表する中距離旅客機の一つとなった。アエロフロートが国内線と国際線の双方で使ったほか，ソ連の多くの同盟諸国が導入した。Tu-154がアエロフロートの定期国際線で就航したのは，1971年11月だった。新世代のターボプロップ機ヴィッカース・バイカウントが就役したことで，1950年代末から1960年代初めにかけて，新しい波が起きた。

イギリスでは，BOACの英連邦中距離線の更新要求が出され，ブリストル・ブリタニアが誕生した。当初はセンタウラス・ピストンエンジンを4基搭載する予定だった。1950年，BOACはブリストル・プロテウス・ターボプロップを希望し，このエンジンを搭載したブリタニアは1952年8月16日に初飛行を行った。1957年2月1日にBOACのロンドン～ヨハネスブルク線で運行を開始した。ブリタニアは素晴らしい機種だったが，国際的な市場に対しては登場が遅すぎた。潜在的な顧客の目は，すべてジェット機に向けられていたのである。それにもかかわらず，ブリタニアは多くの航空会社で成功を収め，イギリス空軍の輸送コマンドも2個飛行隊が装備した。

アメリカで設計・製造された初のターボプロップ旅客機は，ロッキードL-188Aエレクトラで，1957年12月に初飛行した。1959年にはイースタン航空とアメリカン航空の定期便として就航し，商業的成功を収めた。しかし，その後の2件の死亡事故で主翼の構造的な弱点が明らかになり，エレクトラの生産は中止され，大幅な改造を行った。その後，速度制限が課せられて，受注は途絶えてしまったが，軍用機であるP-3オライオンは大きな成功を収めた。

ソ連のターボプロップ旅客機はイリューシンIℓ-18から設計が始まった。この機種は1957年7月に初飛行し，1959年4月にアエロフロートで就航した。西側諸国の基準で見ると，雑で洗練されていなかったIℓ-18に，NATOは“クート”のコード名を付けた。1960年代にはアエロフロートの路線拡大に大きく貢献し，ソ連民間航空界の主力機となった。

1959年に軍用機として就役したウクライナ設計局（現在はアントノフ設計局）のアントノフAn-10重輸送機は4発のターボプロップ機で，その軍用輸送型が，NATOが“カブ”と名付けたAn-12である。An-12はアメリカのロッキード・ハーキュリーズに相当する機種で，このときの代で最も成功した輸送機の一つだ。また，アントノフには1959年に製造を開始した双発ターボプロップ機An-24と，驚くほど多用途性に富むAn-2複葉機もある。

超大型機アントノフAn-124は，どのようなものでも，世界のどこにでも運ぶことができる。これはアメリカ海軍の深海救難艇（DSRV）で，こうした大型のものでも機内に収めてしまう。

超重量航空機

1965年6月に開催されたパリ航空ショーで，オレグ・K・アントノフは最新作を公開し，航空界を驚かせた。巨大な大型輸送機An-22は，アエロフロートとソ連空軍の両方で使用され，軌条式発射台に載せたミサイルや解体された航空機などの大型貨物の輸送に使用された。An-22はデビューした当時，それまでに製造された航空機の中で最も重い航空機だった。1974年に生産が終了するまで，50機が完成した。

アントノフは，数年後にさらに世界を驚かせるものを用意していた。それがアントノフAn-124ルスランだ。それまでに製造された航空機の中でも最大級の大きさを誇るAn-124輸送機は，非常に重い荷物を運ぶために設計されており，当初から成功を見込んだ設計がなされ，それを証明した。NATOでは“コンドル”と呼ばれていたが，試作2号機で初めて登場したロシア名「ルスラン（ロシアの戯曲に登場する巨人の主人公）」の方が一般的によく知られている。1982年12月26日に飛行試験が開始され，An-124の試作機1号機は，1985年末までにアエロフロートの路線で試験飛行を行った。1991年までに少なくとも23機のAn-124が就航し，アントノフは世界中に貨物スペースを販売するための特別な会社を設立していた。

宇宙往還機を地上の拠点間で運ぶための輸送機というコンセプトは，NASAのボーイング747とスペースシャトルの組み合わせが嚆矢だったが，ソ連でもその開発が新たなピークを迎えていた。ミヤシチェフM-4“バイソン”爆撃機を大改造したVM-tアトラントの背中に，ソ連版スペースシャトル「ブラン（吹雪）」で使用する発射用ロケット・エネルギヤを乗せて空輸するというものであった。1988年には，より大型機のAn-225ムリヤ（夢）も登場した。An-225はソ連のスペースシャトル計画を支援する専用機を念

スペースシャトルを胴体に乗せて運ぶよう，特別に2機のボーイング747が改造された。この機体は，「アトランティス」を乗せている。

ダグラスはスカンジナビア航空向けに2種の特殊型DC-9を開発した。DC-9-40と，高温・高地性能を高めたDC-9-20である。

頭に置いて開発され，総重量100万ポンド（453,600kg）を超えて飛行できる初の航空機となった。

1960年代初めのイギリスで，ブリティッシュ・エアクラフト（BAC）が開発した1-11が成功への道を歩み出していた。1963年8月に初飛行したBAC 1-11は，さまざまな航空会社の要望に応じて，いくつものタイプがつくられ，ルーマニアでもライセンス生産された。1-11の総生産機数は，ライセンス生産機も含めて244機に達した。

アメリカの同等機

BAC 1-11のアメリカ版はダグラスDC-9で，長年にわたって世界中の多くの航空会社において，短中距離路線でおなじみの存在となった。1965年2月に試作機が飛行し，この機体もいくつかのバージョンが生産された。1967年にダグラスがマクダネルに買収されると，DC-9はマクダネル・ダグラスのMD-80となった。DC-9は総販売数2,100機以上を超え，航空史上最も成功した旅客機ファミリーの一つとなった。

このクラスに相当するソ連の旅客機は，NATOが“クラスティ”と名付けたツポレフTu-134がある。Tu-104の後継として開発されたTu-124を大幅に改良した型で，当初はTu-124Aと呼ばれていたが，あまりにも多くの変更が加えられたため，新しい番号が割り当てられた。Tu-134計画の作業は1962年6月に開始され，1963年12月に試作機が初飛行し，1966年にアエロフロートの国内線で就航した。国際線の運航開始は1967年で，モスクワ～ストックホルム間だった。元のタイプは64席のTu-134で，1969年には，胴体を延長して80席級にしたTu-134Aが誕生している。

しかし，短距離機の分野で驚異的な成功を収めたのは，なんといってもボーイング737である。1964年に開発が着手されたこの有名な旅客機は，1967年4月に試作機が初飛行した。この型の販売は安定していたが，1978年に市場が活性化するまでは目立ってはいなかった。同年，145機の販売を記録したが，これにはさまざまな理由があった。ボーイングがブリティッシュ・エアウェイズとルフトハンザから二つの「単発」の大型受注を獲得したこと，アメリカ

政府が，小規模ではあるが効率的な地域航空会社が多くの路線で競争するのを妨げていた規則を撤廃したことなどが挙げられる。地域航空会社は事業拡大のためにボーイング737を購入し，ボーイングは需要の急増に対応していくつかの派生型を生産した。

需要に応じた737の進化型は,「第三世界」の航空会社にとっても魅力的で，中東，極東，アフリカ，中南米でも見慣れた旅客機になっていった。ヨーロッパでは，休暇時のチャーター便ビジネスが成熟し始めて，そうした事業を行う航空会社には，130席程度の新しい737の進化型は，航続距離も十分に理想的だった。1980年には，737はボーイング727に代わって，世界のベストセラー旅客機となった。

驚異の成果

民間航空の分野で1960年代に起

ボーイング737の販売は，1978年までは特筆すべきほどのものではなかった。しかし，アメリカの地域航空会社が規模拡大を急いで購入を始めたことで，市場が突然，活性化した。

マッハ2を超える速度で経済的に巡航できた英仏共同のコンコルドに匹敵する空力技術は，ほとんどない。

きた最も驚異的な成果が，イギリスとフランスが共同で開発した超音速旅客機コンコルドである。国際共同開発と生産の見事な事例で，西側としては最初の（そして現在まで唯一の）超音速旅客機である。イギリスとフランスがこの作業に公式に合意し，署名したのは1962年11月だった。巡航速度マッハ2.05を目指したコンコルドは，記録樹立機フェアリー・デルタ2で広範な試験が行われ，それを再生したBAC2-11研究機で調査された二重曲線（オージー）翼の平面形を用いている。そのほかにも，ハンドレページH.P.115が低速時の特性試験に活用された。コンコルドの動力は4基のロールスロイス/SNECMAオリンパス593エンジンだった。試作初号機はアエロスパシアルが担当し，このF-WTSSは1969年3月2日にトゥールーズで初飛行した。2号機のG-BSSTはブリティッシュ・エアクラフトの受け持ちで，1969年4月9日にブリストルのフィルトンで飛行した。

試作初号機のコンコルド001は，1969年10月にマッハ1を突破し，1970年11月にはマッハ2に到達した。この時点で16の航空会社が74機の購入を計画していたが，最終的に購入したのはブリティッシュ・エアウェイズとエールフランスの2社だけとなった。コンコルドの旅客サービスは1976年1月にブリティッシュ・エアウェイズによるロンドン～バーレーン間と，エールフランスによるパリ〜リオデジャネイロ間で開始され，その後，カラカス，ワシントン，ニューヨークへと広げられた。

コンコルドは簡素で優雅なラインを持つ航空機だが，それは極めて複雑な機体システムや空力を包み隠している。たとえばオージー翼は前縁部にキャンバーが付けられており，強力な空気の渦流をつくり出し，機体を巡航速度に「乗せる」ことを可能にしている。主翼の下に付けられた4基のエンジンには，一連の複雑な取り入れ口ランプから慎重に制御された空気が送り込まれる。コンコルドの長い機首と高い迎え角は，低速時に乗員が前方を見通せないため，離着陸時に機首が下がるようにした。

コンコルドの優れた安全記録は，2000年7月25日に，エールフランスの機体がシャルル・ド・ゴール空港近くに墜落し，乗客全員が死亡して幕を閉じた。この事故は，離陸時に滑走路上の異物を踏んで，破片が燃料タンクの一つを破裂させたことが原因だった。コンコルドは2003年に全機が退役した。

設計変更

世界で最初に飛行した超音速輸送機（SST）は，コンコルドではなかった。1968年12月31日に初飛行した

ツポレフTu-144は，英仏共同のコンコルドよりも2カ月早い，1968年12月31日に世界で最初に飛行した超音速輸送機になったが，コンコルドのようには成功を収められなかった。

ツポレフTu-144に，先を越されてしまったのである。

Tu-144の開発期間は長引き，10年近くを要した。それは主として主翼の形状変更，エンジン・ナセルの再配置，新しい降着装置への切り替え，低速時における操縦性改善のための引き込み式カナード（小さな揚力発生翼面）の装備といった，主要な設計変更が理由だった。Tu-144は1969年6月5日にマッハ1を突破し，その1カ月後にはマッハ2で飛行した。製造2号機は，1973年6月3日にパリ航空ショーで激しい機動飛行を行い，機体が破壊されて墜落し，乗員が死亡した。しかし，ソ連からは事故の詳細は発表されていない。Tu-144は，まずモスクワとアルマアタ間で郵便と貨物輸送に使われ，1977年11月には同じ路線で旅客輸送も開始，1978年6月に商業運航から退役している。

また，アメリカはボーイング2707でSSTのシェアを狙っていた。ボーイング2707は，コンコルドやTu-144とは異なり，大部分がチタンで構成されており，マッハ3の飛行能力を持ち，可変後退（VG）翼を備えていた。1966年に実物大模型が製作されたが，VG翼コンセプトは複雑すぎるとして1968年に放棄され，小型の固定翼型が計画され，1970年に試験飛行が，1974年には商業運航が予定された。試作機2機の開発が始まったが，アメリカのSST計画は燃料費の高騰と環境問題を理由に，1971年に中止された。

超音速輸送のコンセプトは刺激的で想像力をかき立てるものだったが，1970年代の航空輸送に真の革命をもたらしたのは，それとはまったく異なる航空機だった。1969年2月9日，ボーイング747「ジャンボジェット」の初飛行により，ワイド

2機のボーイング747-200が大統領専用機，非常事態空中指揮所機VC-25として改造された。VC-25は広範な通信機材を搭載し，空中給油能力も備えている。

2番目（1番はボーイング747）のワイドボディ機で，大きな収容力を有して就航したマクダネル・ダグラスDC-10。1970年8月29日に初飛行して，翌年8月5日に量産機が就航した。

ボディのジェット機時代が到来した。これは当初，ダグラスDC-8の胴体延長型に対抗し，それを超えるために開発された。その後，747の数多くの派生型が製造され，最初の生産型である747-100は，1970年1月22日にパンアメリカンのロンドン～ニューヨーク間の路線に就航した。当初は2階建てで計画されていた747だが，最終的には1階建てをベースとし，基本的な乗客モデルでは385人を，上層階のラウンジには16人収容できる。

1970年10月，ボーイング社は燃料容量を増やし，総重量を増加させたモデル747-200の初号機を飛行させた。基本は旅客型の747-200Bで，貨物専用型で客室窓をなくし，機首を上方ヒンジで開いて長尺貨物を直接搭載できるようにしたのが747-200Fである。特別性能型の747SPは，胴体を短縮するとともに垂直尾翼を大きくした超長距離機である。また，パンアメリカンの747SPは，1日と22時間50分，平均時速809kmで世界一周をしたことや，南北の両極を通過する地球周回飛行を行ったことなどで知られる。

大陸間路線

実用就役した2番目のワイドボディ機がマクダネル・ダグラスDC-10で，1970年8月29日に初飛行し，翌年8月5日にアメリカン航空により，ロサンゼルス・シカゴ間で量産機が就航した。1972年6月21日には，航続距離を延伸したDC-10-30が飛行した。このタイプは大陸間路線向けを狙ったもので，3本目の主脚の装備，主翼幅の拡大，エンジンの推力増加などが行われた。その後，エンジンを変更したDC-10-40もつくられている。同じ基本設計はMD-11にも用いられた。胴体を延長して乗客と手荷物のスペースを広げ，主翼にウイングレットを付けるなど，DC-10の設計を全体的により進化させたMD-11は，大幅に効率が高まり，また操縦室も従来のアナログ式から多機能表示装置を使用した設計に変更された。

マクダネル・ダグラスDC-10の開発につながった市場の要求は，ロッキード・トライスター大型機計画ももたらした。この計画は144機の受注がきっかけで，1968年3月にL-1011として始まり，1970年11月16日に初号機が初飛行した。最初のタイプがL-1011-1で，1972年4月26日に，イースタン航空により定期運航が開始された。1973年末には就航機数が56機になり，オプションも含めた受注機数は199機に達した。ただ，これでは十分ではなく，DC-10が大陸間型へと進んだことから，トライスターも航続距離と搭載量を引き上げたL-1011-100シリーズに移った。しかし，ロールスロイスRB.211ターボファン3基を動力としたトライスターは，DC-10-30の搭載量と航続距離に対抗できなかった。トライスターの航続距離を延伸する目的で開発された斬新なタイプがL-1011-500で，1979年12月にアメリカ連邦航空局の型式証明を取得した。

改良型

ソ連のワイドボディ機時代は，1976年12月にイリューシンIℓ-86が初飛行して幕を開けた。この機種は1977年10月にアエロフロートで就航を開始したが，航続力が不足していたため国内線に限られた。そのため改良型Iℓ-96が開発され，ほぼ完全な新設計機となった。ほとんど変わらず，あるいはわずかな修正だけで済んだのは，胴体の主要部（長

さは短縮された）と4本の主脚だけだった。Iℓ-96の試作機は1988年9月28日に初飛行し，翌年のパリ航空ショーで国際デビューを果たした。アエロフロートは高い需要で長距離の国内線と国際線の双方向けに約100機を発注したが，2006年9月時点で，就航しているのはわずかに16機だった。この機種のさらなる発展型が，350席級の中距離機のIℓ-96Mと，双発型のIℓ-90である（Iℓ-90の開発は中止）。

1980年代にボーイングの旅客機ファミリーは，航空会社で使われている727の後継となる757を加え，さらに拡張を続けた。次に登場したのは767で，757に似ているが，広いボディを持つ。さらに767と747の座席数のギャップを埋める機種として777を生み出した。ボーイング777は完全に新設計のワイドボディ機で，大型ターボファンの双発機である。機体の構造には先進的な素材を多用し，フライ・バイ・ワイヤ操縦装置を含む最新の電子技術を採り入れている。

しかし，民間旅客機市場における

市場の要求が1966年に，マクダネル・ダグラスDC-10とロッキードL-1011トライスターという大型ジェット旅客機プログラムを生み出した。L-1011と名付けられたトライスターのプロジェクトは，1968年3月に着手された。

ボーイングの独占状態は，1981年までに双通路輸送機の世界市場の55％以上を獲得したヨーロッパの共同事業体であるエアバス・インダストリーズ（現エアバス）によって，深刻かつ持続的な攻撃を受けるようになった。1972年には，ワイドボディ型双発の民間航空機としては初となるエアバスA300が就航した。当初の売り上げは芳しくなかったが，それでも中距離路線向けのA300B4の開発にも着手した。さらに1977年末には4機を6カ月間，イースタン航空に貸し出し，その後25機を受注した。これがエアバスの成功物語のスタートとなり，1978年には別のアメリカの航空会社からも発注を受け，それから3年の間に，ボーイングに次ぐ2番目の地位を獲得したのである。

主翼の改修

A310は，A300の胴体短縮型で主翼を改修し，その後のA320では真

それまでのIℓ-86をベースにして開発されたIℓ-96。胴体断面以外は完全な新設計機であったが，降着装置は流用された。

の高度技術を旅客機に投入した。1981年にA320はエアバスを世界のトップ航空機メーカーに押し上げる働きをした。まだ飛行前だったが，400機もの受注を得ていた。A318とA319そしてA321は短距離市場向けの派生型で，双発のA330と4発のA340は長距離型である。

2005年4月27日に，エアバスは新型機A380の試作機を初飛行させた。世界最大の旅客機で，3クラス仕様では555席，全エコノミークラスならば853席を設けられる。A380は2007年10月25日にシンガポール航空のシンガポール～シドニー線で初就航した。ボーイングはA380と直接競合する機種の開発は行わず，亜音速の767の後継となる高速機「ソニッククルーザー」を提示した。しかし，通常の旅客機とは異なる斬新な設計に対し，ほとんどの航空会社は関心を示さなかった。ボーイングは2001年にこの計画を取り止めたが，その技術の一部は，ボーイング社の最新ベンチャーである低燃費の787ドリームライナーに採用されている。

世界最大の旅客機エアバスA380は，2007年に就航予定だったが，開発段階における顧客の要求のばらつきから，大幅な遅れが生じた。

エアバスA310はその良好な経済性と航続距離性能から，優れた販売実績を示した。また，各種の高揚力双対が地上近くでの安全性にかかわる要素を支えていて，非常に安全性に優れている。

ボーイング（旧マクダネル・ダグラス）AH-64アパッチは能力の高い戦闘ヘリコプターで，1991年の湾岸戦争ではイラクのレーダー陣地を機関砲とロケット弾で撃破し，その強力な火力を初披露した。

第16章
明日への翼：来たるべき世界の軍事航空

1991年1月16日から17日の夜，マクダネル・ダグラスAH-64Aヘリコプターが，「砂漠の嵐」作戦の航空強襲段階として，バグダッド近くにある2カ所のレーダー基地にヘルファイア空対地ミサイルと70mmロケット弾，そして30mm機関砲で攻撃，両方を破壊し，この作戦は完全に成功した。バグダッドに対する初期の攻撃は，アメリカ軍艦艇から発射されたトマホーク巡航ミサイル，そしてロッキードF-117Aにより行われ，それらには指揮・統制センター，官庁，兵舎，大統領宮など個別の目標が指定されていた。

バグダッドへの接近とそれに続く攻撃時に，F-117Aはステルス技術により探知されなかった。この驚くべきF-117ステルス機は，1973年の「ハブ・ブルー」計画から生まれたもので，その目的はレーダーや赤外線による露出がほぼ，あるいはまったくない戦闘機を研究するというものだった。2機のハブ・ブルー・ステルス戦術試作機（XST）がつくられ，1977年にネバダ州グルームレイク（エリア51）で飛行した。1機は事故で失われたが，もう1機は1979年，成功裡に試験作業を完了した。ハブ・ブルー試作機では，ステルス機における多面体の概念と基本的な機体形状の調査が行われた。

2機のハブ・ブルーの評価作業の結果から，量産機F-117Aが65機発注された。その初号機は1981年6月に初飛行し，1983年10月に就役した。F-117Aは単座の亜音速機で，動力はアフターバーナーのないF404ターボファン2基で，排気口は埋め込み式の隙間型にして熱の輻射を拡散（加えて遮熱タイルを使用）し，赤外線露出を最小化している。多面体（角度を付けた平板の組み合わせ）構成を用いることで，入ってくるレーダー・エネルギーを分散させ，さらにレーダー波吸収素材と透過処理によって，レーダー露出を一層低減させている。機体は前縁に非常に

ロッキードF-117Aは1991年の湾岸戦争で重要な役割を果たし，その後もバルカン半島，アフガニスタン，2003年の中東などでも，高価値目標への第一撃に用いられている。

きつい後退角を付けた主翼を有しており，後縁はW字型で尾翼はV字型だ。兵器は吊り下げ式ラックを持つ二つの兵器倉内に収納する。飛行操縦装置は三重の冗長性を持たせたフライ・バイ・ワイヤである。向きを操作できる前方監視赤外線ターレット，レーザー目標指示装置，ヘッド・アップおよびヘッド・ダウン表示装置，先進通信および航法/攻撃システムといった，デジタル式に統合化された電子機器を備えた。

アメリカ空軍第37戦術戦闘航空団所属のF-117Aは，1991年の湾岸戦争で活躍した。優先度の高い目標への攻撃という特筆される任務をこなし，その後もバルカン半島，アフガニスタン，2003年にはイラクに対する2度目の侵攻でも使用された。F-117A最後の59機目は，1990年7月に引き渡された。

アメリカ2番目のステルス設計機は，ノースロップ（現ノースロップ・グラマン）のB-2爆撃機で，さらに驚異的な機種である。B-2の開発は1978年に開始され，アメリカ空軍は当初，133機が必要だとしていた。しかし，1991年から続く国防予算の大幅な削減によって，21機にまで減らされた。試作機は1989年7月17日に初飛行し，量産初号機は1993年12月17日に，ミズーリ州のホワイトマン空軍基地に所在する第509爆撃航空団に引き渡された。

全翼機

ノースロップは第二次世界大戦中に「全翼機」を設計した経験から，B-2計画の前身であるATB（先進技術爆撃機）を設計するにあたり，当初から全翼機の構成を決定していた。全翼機の利点は，同じ搭載量であれば，通常型の航空機よりも燃料消費が少ないことにある。無尾翼でその支持構造をなくして重量を削減でき，また，抗力も減らせるからだ。主翼の構造自体も機体の重量を分散させられるため，より効率的だ。また，全翼機の構成は垂直尾翼をなくした結果として，異例なほどクリーンな機体仕様となるので，レーダー

B-2の主翼前縁は，エンジン空気取り入れ口への，あらゆる方向から入る空気流を乱さないよう設計されている。これにより，無風状態でもエンジンをフルパワーにすることができる。

不気味なブーメラン
ノースロップ・グラマンB-2Aスピリット

ノースロップがB-2の開発を開始したのは1978年。試作機は1989年7月17日に初飛行し，最初の量産機は1993年12月17日に，ミズーリ州ホワイトマン空軍基地の第509爆撃航空団第393爆撃飛行隊に引き渡された。

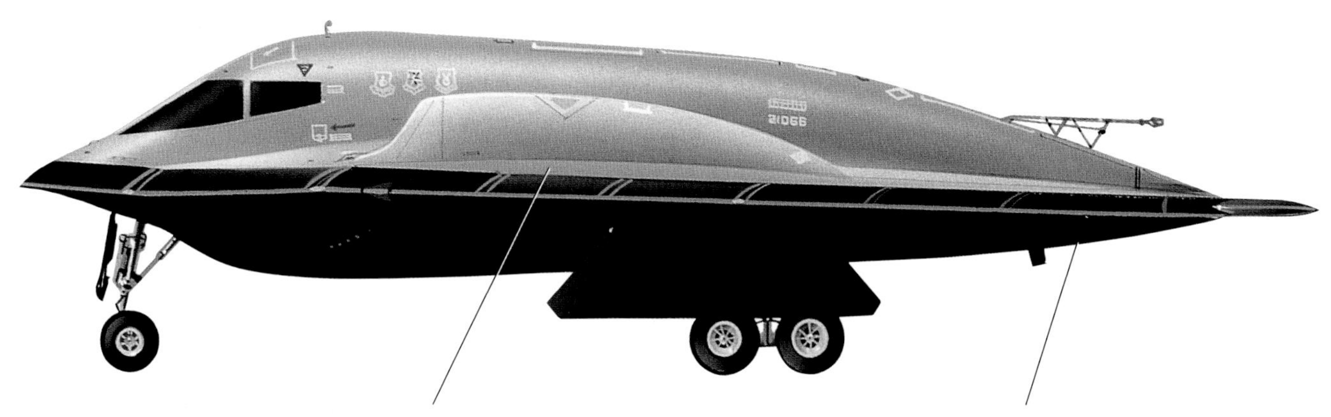

B-2の4基のターボファン・エンジンは機体内部深くに埋め込まれていて，敵のレーダー送信に対するファン・ブレードからの反射を高度に防いでいる。

飛行機雲は，ステルス機であっても敵存在を教える原因になる。B-2は高高度飛行時の雲の発生を抑えるために，排気口にクロロフルオロウラシル酸を注入している（極めて危険な薬剤のため今は行われていない）。

ノースロップ・グラマン
B-2Aスピリット

タイプ：複座長距離戦略爆撃機
推進装置：76.98kNのジェネラル・エレクトリックF118-GE-100ターボファン・エンジン4基
最大速度：約1,000km/h
航続距離：12,225km
実用上昇限度：16,920m以上
兵装：爆弾倉内にB61またはB83核爆弾16発，あるいは核弾頭付きスタンドオフ射程ミサイルを回転式発射装置に16発，あるいはMk82 227kg爆弾80発。爆弾あるいはその他の兵器搭載は最大で22,600kg
寸法：全幅52.43m
全長21.03m
全高5.18m

反射断面積を小さくすることが可能となる。加えて，翼幅荷重による高効率と高率な巡航を可能にする揚抗比も得られる。

主翼の外翼部には，横方向のバランスや揚抗比を高めるための翼面や，ピッチ，ロール，ヨーの舵面が付けられた。前縁後退角は遷音速域での均衡を重視して決められ，全体的な平面形では，失速時に安定した機首下げモーメントが得られるよう全長を短くしている。当初のATBの設計では，外翼部にのみエレボンを有していたが，B-2では内翼部にも付けられて，独特なW字型後縁になった。

B-2は，離陸時の重量にもよるが，260km/hで離陸できる。通常の運用速度は亜音速域で，最高飛行高度は15,200m程度だ。戦闘機のような操縦性で，極めて運動性に優れている。

勝利の組み合わせ

ステルス技術を採り入れ，21世紀初頭で最もエキサイティングな戦闘機となったのが，ロッキード・マーチンF-22ラプターである。F-22は1970年代に就役したF-15イーグルの後継機となる発達型戦術戦闘機（ATF）計画で採用された。アメリカ空軍はATFを750機装備する計画で，ロッキードとノースロップがそれぞれ提案した実証機を製作する企業に選ばれた。各社2機の試作機には，ロッキードにYF-22，ノースロップにYF-23の名称が付けられ，いずれも1990年に飛行した。エンジンはプラット＆ホイットニーのYF119とジェネラル・エレクトリックのYF120が候補となり，F-22とF119の組み合わせが勝者となっ

F-22は，B-1Bランサー，B-2スピリット，F-15Eイーグルなどとともに，世界各地に迅速に展開できるよう設計されている。

今日のステルス戦闘機
ロッキード・マーチンF-22ラプター

F-22のステルス設計には，機体全体の形状に加えて，ヒンジからパイロットのヘルメットまで，レーダー反射を起こしにくい形状にする設計が採られ，それにレーダー波吸収素材の使用が盛り込まれている。

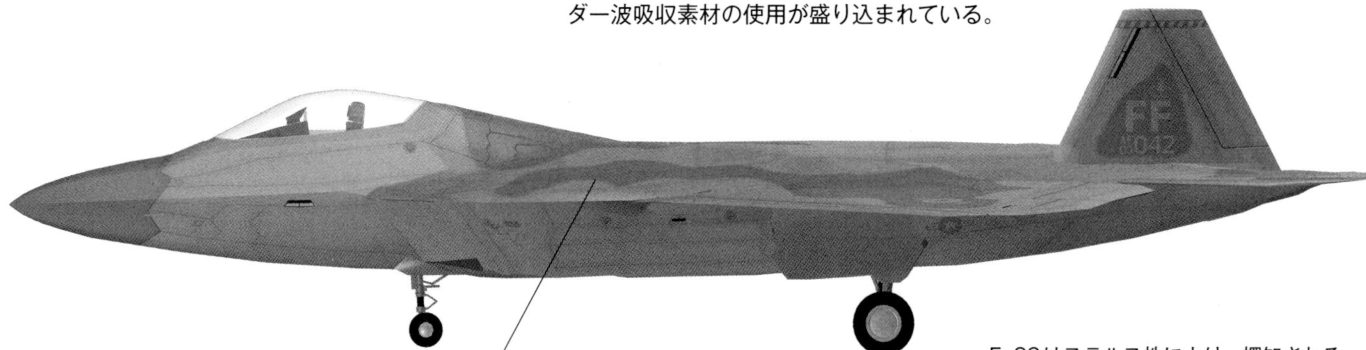

F-22の最大速度は，唯一エンジンの推力に関わることから，公式には示されていない。F-22では，特にポリマー素材が用いられているため，摩擦熱に耐える機体フレームが重要な要素になっている。

F-22はステルス性により，探知されることなく相手に接近することができ，これにより最新の視程外距離空対空ミサイルを使用して先制撃破を行える。

た。

最初の完成版F-22の試作機は，1997年4月9日にジョージア州にあるロッキード・マーチンのマリエッタ工場でロールアウトした。ソフトウェアの不具合や燃料漏れなど，いくつもの問題が発生したため，初飛行は1997年9月7日まで遅れた。試作2号機は1998年6月29日に初飛行し，2001年末までに8機のF-22が飛行している。

F-22は多くのステルス特性を組み合わせている。たとえば，先進の短距離あるいは視覚射程外距離の空対空兵器は，すべて機内に搭載される。1993年にこの機種の任務分析を行った結果，対地攻撃能力も持たされることになり，兵器倉に454kgのGBU-32精密誘導弾を収容できるようになった。また，F-22は20分のターンアラウンド時間で高ソーティ率を達成できるよう設計された。F-22の電子機器は高度に統合化され，空戦での高速反応を可能にし，パイロットが速やかに敵を補足して攻撃できるようにし，生存性を高めている。F-22は当時開発されていたソ連（旧ソビエト連邦）の高

ロッキード・マーチンF-22ラプター

タイプ：単座航空支配戦闘機
推進装置：173kNのプラット＆ホイットニー F119-PW-100 ターボファン2基
最大速度：2,575km/hまたはマッハ2.42
戦闘行動半径：1,285km
実用上昇限度：20,000m以上
空虚重量：19,700kg；最大離陸重量：38,000kg
武装：量産機は共通武装に加えて兵器倉内に次世代空対空ミサイルを搭載
寸法：全幅13.56m
全長18.92m
全高5.08m
主翼面積78.04m²

イギリス空軍カニングスビー基地のタイフーン実用機転換部隊である29（R）飛行隊の飛行。タイフーンのパイロットは，その先進のシステムに非常に満足している。

機動性戦闘機といった特定の脅威にも，視覚射程外空対空ミサイルで対応できる。2001年には，世界中のあらゆる脅威に対する全地球打撃任務軍の中核機種となっている。

F-22計画は遅れに悩まされたが，21世紀に向けてヨーロッパで開発が進められた新戦闘機計画のユーロファイター・タイフーンに比べれば，取るに足らないものだった。ヨーロッパの共通戦闘機に関する要望書は，1983年12月に発出された。そこにはフランス，西ドイツ，イタリア，スペインが参加し，1984年7月には初期の予備調査を完了した。しかし，その1年後にはフランスが計画から撤退した。最終的なヨーロッパ参謀要求（開発）の詳細が1987年9月に決まり，1988年11月に主エンジンと兵器システムの開発契約が署名された。1983年5月にはブリティッシュ・エアロスペースに，ユーロファイターに必要な技術を確立するための敏捷性実証機（試作機ではない）の製造契約が与えられ，試作機計画（EAP）を製作し，1986年8月8日に初飛行した。

1992年に冷戦が終結すると，計画全体が再評価され，特にドイツは実質的な経費削減を求めた。いくつかの低コスト型仕様が検討されたが，本来のヨーロッパ戦闘機よりも安上がりにできる方法は2通りしかなく，そのいずれもがMiG-29とSu-27よりも劣るものだった。最終的に1992年12月，ユーロファイター2000として計画が再開されたが，就役時期はさらに3年遅れることとなった。

ユーロファイターの試作機は1994年に最初の2機が，その後，数機が飛行した。当初の顧客要求はイギリスとドイツがそれぞれ250機，イタリアが165機，スペインが100機だった。ドイツは1994年1月に87機の発注を発表したが，のちに180機，イタリアは121機に修正した。ドイツの発注には，少なくとも40機の戦闘爆撃機型が含まれていた。イギリスは65機のオプションと合わせて232機を発注した。4カ国の空軍への納入は2001年に開始される予定だったが，初めてではないものの予定がずれ込んだ。イギリス空軍は2003年6月30日に初号機を受領した。ユーロファイターは輸出市場にも進出しており，オーストリアから15機を受注した。

元々，ユーロファイターの開発を決めたヨーロッパ共同開発のメンバーだったフランスは，早い段階で撤退を決めて，21世紀に向けた独自の敏捷性戦闘航空機の開発へと進

フランスは先進戦闘機について，「独立独歩」でダッソー・ラファールへと進んで，期待した輸出の成果も徐々に高まってきている。

スウェーデンのスーパー・ファイター
サーブJAS39グリペン

サーブJAS39グリペンは，1970年代に就役したビゲンの攻撃型，迎撃型，偵察型のすべてに代わる，軽量多任務戦闘機である。

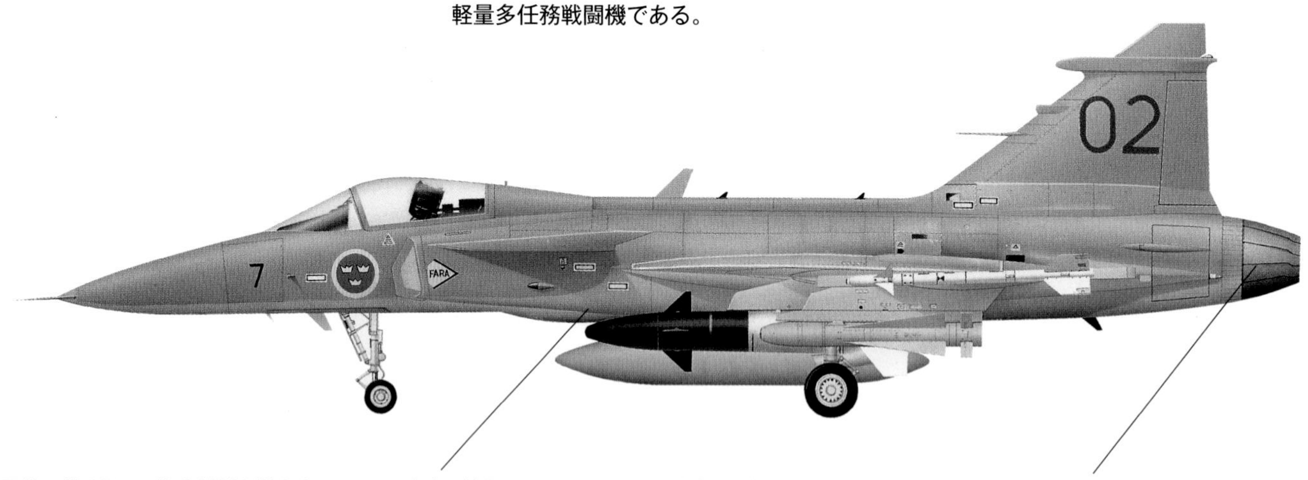

胴体の約30％に複合材料が使われている。試験の結果，機体の構造は，設計者が予測したよりも強く，グリペンの機体フレームは9Gの荷重に十分に耐えられる。

動力はボルボRM12ターボファン1基で，このエンジンはボーイングF/A-18ホーネットに使われているジェネラル・エレクトリックF404をライセンス生産したものである。

サーブJAS39グリペン

タイプ：単座高性能戦闘機
推進装置：ドライ時54.0kN，アフターバーナー時80.07kNのボルボ・フリグモーターRM12（ジェネラル・エレクトリックF404-GE-400）ターボファン1基
最大速度：マッハ2.0
実用上昇限度：15,240m
空虚重量6,622kg；離陸重量：12,500kg
武器：27mmのマウザーBK27機関砲1門，主翼端にRb74（AIM-9Lサイドワインダー），あるいはほかの空対空ミサイル2発，主翼下に対地攻撃武器あるいはサーブRBS-15F対艦ミサイルなど
寸法：全幅8.40m
全長14.10m
全高4.50m
主翼面積（推定）30.0m^2

んだ。フランスはミラージュⅢ，ミラージュ2000の開発と，それらの大きな成功で，多用途戦闘機の製造に豊富な経験を蓄積していた。

フランスの突風

フランスの機敏な戦闘機は，ダッソー・ラファール（突風）として登場した。ダッソーはミラージュ2000とほぼ同じ大きさの機体をベースに，超音速機からヘリコプターまで，空対空で撃破できる汎用機の製造を目指し，基地から650km離れた目標に3,500kg以上の爆弾や近代兵器を投下できることを目標とした。また，少なくとも6発の空対空ミサイルを搭載し，それらを連続して発射できる能力は，電子光学的に誘導された高度な「撃ちっ放し」スタンドオフ空対地兵器を発射する能力とともに，必須と考えられていた。戦闘状態での高い機動性，高角度攻撃の飛行能力，短い離着陸距離のための最適な低速性能が基本的な設計目標だった。そのため，複合後退デルタ翼，主翼よりも高い位置に取り付けられた大型の遊動式カナード前翼，双発エンジン，腹部に近い胴体下部に配置された新設計の空気取り入れ口，一枚垂直尾翼などが採用された。

三つのタイプ

ユーロファイターと同様に技術実証機が製作され，ラファールAと名付けられた。ラファールAは1986年7月4日に初飛行した。量産型ラファールは，アフターバーナー使用時に推力7,450kg（16,424lb）のSNECMA M88-2アフターバーナー付きターボファンを2基搭載し，フランス空軍の単座汎用機「ラファールC」，複座の「ラファールB」，艦載機の「ラファールM」の3種類が生産されている。

打撃任務では，ラファールはアエロスパシアルASMPスタンドオフ射程核ミサイルを1発搭載でき，空対空任務では，赤外線またはアクティブ・レーダー誘導の空対空ミサ

イルを最大で8発搭載する。空対地の標準的な爆弾搭載量は，227kg爆弾6発に空対空ミサイル2発と増槽2個である。NATOが運用する各種兵器とは互換性があり，内蔵兵器は30mm機関砲1門で，右側の空気取り入れダクトに装着されている。

ユーロファイターおよびラファールと輸出市場で競合しているのが，1980年代に考案されたビゲンによる攻撃/偵察/迎撃任務の後任機種となるスウェーデンのJAS39グリペン（グリフォン）軽量多任務戦闘機である。試作機は1987年4月26日にロールアウトし，1988年12月9日に初飛行した。この機体は1989年2月2日に着陸時の事故で失われ，先進フライ・バイ・ワイヤの見直しが行われた。グリペンは1996年にスウェーデン空軍で就役し，最大で300機の導入が計画されている。

1991年の湾岸戦争では，大規模に航空戦力が投入され，続くバルカン半島，アフガニスタン，イラクなどでの国連あるいはNATOの軍事行動では，冷戦末期に開発されたクラスター爆弾から巡航ミサイルま

アメリカ海軍とアメリカ海兵隊では，1978年11月18日に初飛行したマクダネル・ダグラスF/A-18ホーネットが戦術任務に就いている。

統合打撃戦闘機はアメリカ空軍，海軍，海兵隊，そしてイギリス空・海軍で装備が行われる。F-35は，垂直離陸式のハリアーを祖先としている。

で，各種の通常兵器が用いられた。また，これらの紛争では，航空機の混合戦力を世界各地に展開できる空母が最も有効な手段の一つであることも示された。中でも効果的な機種がマクダネル・ダグラスF/A-18ホーネットである。

1978年11月18日に試作機が初飛行したホーネットは，引き続き11機の開発機がつくられた。最初の生産型が戦闘/攻撃型のF/A-18Aと複座訓練型のF/A-18Bで，その後いずれもF/A-18CとF/A-18Dに発展し，AIM-120AMRAAMの携行が可能となり，機上防御妨害装置も備わった。また，ホーネットはCF-188としてカナダ国防軍が導入し，ほかにもオーストラリア，スペイン，フィンランド，クウェート，スイスなどに輸出されている。

統合打撃戦闘機

ホーネットは，アメリカ海兵隊でAV-8BハリアーⅡとともに運用さ